国网河南电力配电网工程建设管理手册

业主分册

国网河南省电力公司　组编

中国电力出版社
CHINA ELECTRIC POWER PRESS

图书在版编目（CIP）数据

国网河南电力配电网工程建设管理手册. 业主分册 / 国网河南省电力公司组编. — 北京：中国电力出版社，2021.2

ISBN 978-7-5198-4356-4

Ⅰ. ①国… Ⅱ. ①国… Ⅲ. ①配电系统－电力工程－工程管理－河南－手册 Ⅳ. ①TM727-62

中国版本图书馆 CIP 数据核字 (2020) 第 028479 号

出版发行：中国电力出版社
地　　址：北京市东城区北京站西街 19 号（邮政编码 100005）
网　　址：http：//www.cepp.sgcc.com.cn
责任编辑：钟　瑾（010-63412867）
责任校对：黄　蓓　李　楠
装帧设计：张俊霞
责任印制：钱兴根

印　　刷：三河市百盛印装有限公司
版　　次：2021 年 2 月第一版
印　　次：2021 年 2 月北京第一次印刷
开　　本：710 毫米 ×1000 毫米　16 开本
印　　张：8.75
字　　数：111 千字
定　　价：43.00 元

《国网河南电力配电网工程建设管理手册》

业主分册

编　委　会

主　　任：陈红军

副主任：秦江坡

委　　员：宁丙炎　张　鹰　鲍俊立　郑向阳　田　军

李孟超　陈振宇　胡扬宇　任歌武　孟宇红

李会涛　陈鹏浩　陈延昌　周　鹏　崔　威

编　写　组

主　　编：陈豪然　邵永刚

编写人员：高留洋　李会涛　李艳山　程晓晓　胡扬宇

陈鹏浩　崔　威　李自雨　王琦梦　卞庆杰

王思宁　余　泳　贾　鹏　毕猛强　王龙辉

曹海斌　邱丽丽　任俊霞　张　腾

审核人员：任歌武　陈振宇　孟宇红　陈延昌　胡旭峰

周　鹏　鲍力威　徐圣棠　李　明

编制说明

实施城乡配电网建设改造工程（以下简称配电网工程）的目的是促进城乡配电网协调、快速发展，提高配电网供电能力，不断开拓电力市场，保证客户用电需求，持续提高公司配电网运营的效益、效率。为落实国家发改委“统一城乡配电网建设，实现一体化发展”的要求，国网河南省电力公司组织编制《国网河南电力配电网工程建设管理手册》（简称《手册》），旨在指导项目业主、设计单位、施工单位、监理单位进一步加强和规范配电网工程建设管理，有序推进工程建设，确保实现安全、优质、高效目标。《手册》适用于国网河南省电力公司投资的 10kV 及以下配电网建设改造工程。共四册，包括业主分册、监理分册、施工分册、技经分册。

本册为业主分册，共七部分，包括业主项目部的设置、项目管理、安全管理、质量管理、结算管理、技术管理、评价机制。为便于使用，附录部分收录了业主项目部常用的标准表式及报告模板等。本册可供配电网工程业主及其他工程参建单位在配电网工程建设管理过程中参读使用。

本书不足之处，敬请各位读者、专家提出宝贵意见。国网河南省电力公司将根据国家电网公司相关制度要求定期对手册进行滚动修编。

编制依据

1.《国家电网公司 10（20）千伏及以下配电网工程业主项目部标准化管理手册》（设备配电［2019］20 号）

2.《国家电网公司城乡配网建设与改造工程业主监理施工项目部安全管理工作规范》（安质二［2017］56 号）

3.《国网河南省电力公司配电网工程业主项目部管理细则》（豫电配网［2016］251 号）

4.《国网河南省电力公司配电网工程建设安全管理规定》（豫电配网［2016］398 号）

5.《国网河南省电力公司配电网工程质量管理细则》（豫电配网［2016］251 号）

6.《国家电网公司应急工作管理规定》（国网安监 /2 483—2014）

7.《国网河南省电力公司配电网工程建设里程碑计划管理细则》（豫电企协［2020］80 号）

8.《国网河南省电力公司配电网工程验收管理办法（试行）》（豫电配网［2016］584 号）

9.《国网河南省电力公司配电网优质工程评选办法》（豫电配网［2016］2 号）

10.《国网河南省电力公司配电网工程结算管理》（豫电配网［2016］624号）

11.《10（20）千伏及以下配电网工程文件归档范围》（豫电配网［2019］278号）

12.《10（20）千伏及以下配电网工程档案模板》（豫电配网［2019］278号）

13.《国网河南省电力公司配电网工程优秀设计评选办法》（豫电配网［2016］2号）

14.《国网河南省电力公司配电网工程建设管理流动红旗竞赛管理办法》（配网［2016］8号）

15.《国网河南省电力公司配电网工程设计变更指导意见》（豫电配网［2018］523号）

16.《国网河南省电力公司配电网工程施工方案编写指南》（豫电配网［2016］3号）

17.《国网河南省电力公司×××工程施工方案（模板）》（豫电配网［2016］3号）

18.《国网河南省电力公司配电网工程施工安全管理提升专项行动实施方案》（豫电配网［2018］256号）

目 录

一、业主项目部的设置

（一）业主项目部组建

1. 定位

业主项目部是由建设管理单位组建，代表建设管理单位履行项目建设过程管理职责的工程项目管理组织机构。

业主项目部的工作实行项目经理负责制，通过计划、组织、协调、监督、评价等管理手段，推动工程建设按计划实施，实现工程进度、安全、质量和造价等各项建设目标。

2. 组建原则

（1）所有配电网工程现场必须纳入业主项目部管理。

（2）一般按照区域组建业主项目部，市、县公司应分别组建业主项目部，负责管辖范围内配电网工程的组织实施。有重要影响的专项工程或项目包可单独组建业主项目部。

（3）建设管理单位原则上应在年底前以文件形式确认次年业主项目部，任命业主项目经理及其他管理人员。参建单位确定后，业主项目部组织机构成立的通知文件应及时发送给各参建单位。

（4）各建设管理单位组建业主项目部及其管理人员任命的文件，需向上级公司配电网工程归口部门报备。

（5）业主项目部人员发生变动时，应重新发文和报备。

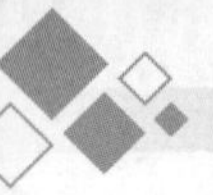

3. 人员配置

（1）各市、县公司根据建设任务和管理力量，组建业主项目部，任命项目经理，并按业主项目部标准化建设要求（见表1-1）配置专业管理人员，确保工作职责落实到位、确保工程高效有序推进、确保实现全过程全方位管控。

（2）业主项目经理、安全管理岗位人员应配置专责人员，不得兼职。其他专业管理人员根据需要由相关部门人员兼职。每个业主项目部不宜少于5人。

（3）业主项目经理应由具备工程综合管理能力和良好协调能力的管理人员担任，应具备3年及以上建设工作经历，须通过市级或以上建设管理单位组织的培训，考核合格后上岗。

表1-1　业主项目部标准化建设要求

<table>
<tr><th>序号</th><th>建设内容</th><th>具体要求</th><th>备注</th></tr>
<tr><td>一</td><td colspan="3">岗位设置</td></tr>
<tr><td>1</td><td>项目经理</td><td>1名</td><td rowspan="10">业主项目经理、安全管理岗位人员应配置专责人员，不得兼职。每个业主项目部不宜少于5人</td></tr>
<tr><td>2</td><td>项目副经理</td><td>按需配置</td></tr>
<tr><td>3</td><td>安全员</td><td rowspan="7">按需配置，至少配置2人</td></tr>
<tr><td>4</td><td>技术员</td></tr>
<tr><td>5</td><td>资料员</td></tr>
<tr><td>6</td><td>综合协调</td></tr>
<tr><td>7</td><td>进度管理</td></tr>
<tr><td>8</td><td>物资协调</td></tr>
<tr><td>9</td><td>造价管理</td></tr>
<tr><td>二</td><td colspan="3">办公条件</td></tr>
<tr><td>1</td><td>办公室</td><td>满足集中办公要求，计算机、打印机、办公电话等按需配置</td><td></td></tr>
</table>

续表

序号	建设内容	具体要求	备注
2	会议室	满足工程例会、会商会等基本需要，宜配备投影仪，满足至少 20 人会议需要	
3	资料室	按需配置，可公用	
4	办公车辆	按需配置，满足现场工作需要	
三	上级文件、制度及规定		
1	印刷成册		
2	新的管理要求随时更新		
四	项目部日常管理规章制度		
1	人员岗位职责		
2	工程现场安全管理制度		
3	工程例会制度		
4	专业会商制度		
5	重大问题协调、督办、整改制度		
6	工程物资管理制度		
7	其他保证项目部日常运作的规章制度，由项目部自行制定		

4．办公资源

（1）业主项目部应配备满足现场工程管理所必需的办公设施，具备独立运作的条件，满足集中办公、组织会议、现场交通等基本条件。

（2）业主项目部组建、日常运作等费用按有关规定列支项目法人管理费。

（3）业主项目部办公场所应设立项目部铭牌，办公室应将业主项目部组织机构牌、业主项目部职责牌、岗位职责牌设置上墙。办公场所明显位置应布置配电网工程现场安全风险防控措施宣传牌，主要包括生产现场作业“十不干”、配电网工程安全管理“十八项”禁令等（具体要求见表1-2）。

（4）业主项目部应根据实际工作需要配备设施设备，具体要求见表1-3。

表 1-2　业主项目部需悬挂的标识及各项规章制度

序号	标识名称	参考规格（mm）	单位	数量	材料工艺	备注	参考样板
1	业主项目部铭牌	400×600	块	1	薄框铝合金焗漆丝印	项目部办公室大门外侧悬挂业主项目部铭牌。铭牌应清晰、简洁，并有项目所属供电公司名称、业主项目部名称等	国家电网 STATE GRID 国网XX供电公司 XX配电网工程 业主项目部
2	人员配置图	1200×900	块	1	KT 板	项目部人员组织架构图。组织架构应包括业主项目部各岗位名称、人员姓名、照片等	国家电网 STATE GRID XX公司配电网工程业主项目部人员配置 照片、岗位、姓名（1个） 照片、岗位、姓名（8个）
3	座位岗位牌	100×170	块	—	薄框铝合金焗漆丝印	数量按实际人数定，置于办公座位	国家电网 STATE GRID 照片 姓名：XXXX 岗位：XXXXXXXXXXX

续表

序号	标识名称	参考规格（mm）	单位	数量	材料工艺	备注	参考样板
4	职责及规章制度	600×900	块	—	KT 板	包含项目部职责及各项目部所设各岗位的岗位职责，各项规章制度及安全风险防控措施，所有图牌设置同一高度（1.5m）	国家电网 STATE GRID **业主项目部工作职责** （1）贯彻执行并监督参建单位落实有关工程建设的国家法律法规，行业、国家电网规程和规范，以及国家电网各项管理制度、标准化建设要求。及时组织宣贯上级文件，做好来往文件记录。 （2）开展项目管理策划，组织编写工程建设管理纲要，报建设管理单位审批；督促参建单位制订项目策划文件，审批参建单位的项目策划文件并监督执行。 （3）参与工程设计、监理、施工及物资等招标及合同签订工作，具体负责设计、监理、施工合同条款的监督执行，监督、配合物资合同条款执行，及时协调合同执行过程中出现的有关问题。 （4）积极开展配网新材料、新设备、新技术、新工艺的应用实施。 （5）参与配网建设改造方案、供电方案的制定；参与可研方案、初步设计审查；协助办理开工前的有关行政许可手续。 （6）组织设计、安全技术交底及施工图会检，监督纪要的闭环落实；必要时组织设计联络会，协调设计单位与物资供应商完成技术确认。 （7）组织召开工程例会，根据需要召开专题协调会，开展建设协调与监督检查，及时协调工程建设有关问题，检查工程各专业管理工作落实情况，提出改进措施；形成会议纪要并跟踪落实，重大问题上报建设管理单位协调解决。 （8）开展及参加各类安全、质量检查工作；监督、落实标准工艺应用及安全文明施工；按规定程序上报安全、质量事故（事件）；参加安全、质量事故（事件）调查。 （9）组织编制施工图预算并参与审查，开展工程设计变更与现场签证管理，按权限分级办理审批手续。审核工程款项支付申请，上报月度用款计划。 （10）配合物资管理部门跟踪到货情况，协调物资供应，满足现场进度要求；核查供应物资与现场使用物资的一致性。 （11）全面应用配电网工程管理信息系统，及时完成系统中工程数据的录入维护和审批工作。 （12）督促施工、监理单位开展施工自检和监理预检工作；参加隐蔽工程验收工作；参加竣工验收，督促参建单位做好闭环整改。 （13）配合完成工程启动送电工作。工程投运后，及时对项目管理工作进行总结，对项目参建单位工作成效开展综合评价，并报送建设管理单位。 （14）组织开展工程结算工作，办理拆旧物资处置手续、结余物资退料手续等，配合完成工程竣工决算、工程审计等相关工作。 （15）负责工程信息与档案资料的收集、整理、上报、移交工作。 （16）组织开展项目创优工作。
5	进度计划表	2000×550	块	—	KT 板	宽度确定，高度依据实际管辖项目进行设定	国家电网 XX供电公司本部城中配电网工程业主项目部2018年12月份施工进度计划表

注　以上规格仅供参考，可根据实际情况进行调整。

表 1-3　业主项目部设施设备配置清单

序号	名称	配备说明	必配 / 选配
一	办公设施		
1	办公桌椅	数量按实际需求配备	必配
2	资料柜		必配
3	办公电脑		必配
4	电话机		必配
5	打印机		必配
6	复印机		必配
7	传真机		选配

续表

序号	名称	配备说明	必配 / 选配
8	扫描仪	数量按实际需求配备	必配
9	投影仪		选配
10	数码相机		必配
二	常规检测设备和工具		
1	测距仪	现场配置，数量和型号应满足工程要求	必配
2	钢卷尺（5m）		必配
3	皮卷尺（50m）		必配
4	望远镜		必配
5	游标卡尺		选配
6	测高仪		选配
三	个人安全防护用品	数量按实际需求配备	必配
四	交通工具		必配

5. 其他

（1）业主项目部宜与监理项目部、施工项目部集中办公，加强集中协调和会商，提高工作效率。

（2）相关建设任务完成后，业主项目部随之撤销。

（二）工作职责

1. 建设管理单位

（1）省公司配电网工程建设管理办公室（简称省公司配网办）负责制定配电网工程业主项目部管理的相关制度并监督执行，提出业主项目部建设标准和基本要求，组织开展监督检查、竞赛交流等活动，推动业主项目

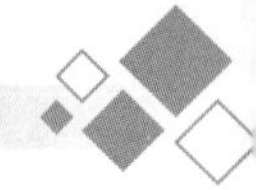

部标准化建设和管理水平的持续提升。

（2）市供电公司配电网工程建设管理办公室（简称市公司配网办）负责城（郊）区业主项目部组建和日常管理工作，负责落实省公司业主项目部管理制度和配电网工程管理相关要求，指导县公司开展业主项目部组建和日常管理工作，对各业主项目部工作开展情况进行监督检查。

（3）县公司配电网工程建设管理部门负责县公司业主项目部的组建和日常管理，负责落实省公司业主项目部管理制度和配电网工程管理各项要求。

2. 业主项目部

（1）依据批次工程里程碑计划，审核施工单位制定的单项工程施工计划，并监督落实执行情况。

（2）负责在工程开工前组织设计交底和施工图会审，签发设计交底纪要、施工图会审纪要。

（3）协助项目建设管理单位审核工程开工必备条件，审批工程开工文件。

（4）组织落实配电网工程标准化建设要求，开展标准工艺落实情况检查与评比。

（5）组织开展工程协调与监督检查。

1）组织现场交底，宣贯现场施工管理要求，提出安全管理要求，明确项目管理目标、相关措施、考核要求，现场交底应有书面记录。

2）定期召开工程例会，分析工程实施中存在的问题，检查、通报上次会议工作部署落实情况，布置下阶段主要工作，工程例会应形成纪要。

3）审批监理、施工项目部报审的有关现场管理资料，组织开展现场安全、质量等监督检查，对发现问题监督整改。

4）及时协调工程建设过程中出现的有关问题，采取有效管理措施协调解决，对于重大问题，及时报建设管理单位协调解决，确保工程按计划顺利实施。

（6）协助项目建设管理单位开展工程设计变更与现场签证管理，审核确认工程设计变更和现场签证中的技术及费用等内容。

（7）参与或受建设管理部门委托组织单项工程的竣工验收工作。

1）组织单体工程中间验收。

2）督促施工、监理单位开展单体工程施工三级自检和监理初检工作，并组织整改消缺。

3）负责或受委托组织单体工程竣工投运验收工作。

4）市公司业主项目部负责组织开展直接管理批次工程自验收工作，并协调解决验收发现问题的整改。

（8）工程建设管理信息收集及资料管理。

1）应用配电网工程管理系统，及时填报各类信息，确保系统数据录入及时、准确、完整。

2）及时组织宣贯上级文件，及时完成资料收集，组织档案移交。

3）按规定编报工程建设管理工作总结。

4）编制工程建设周报、月报。

（9）开展参建单位评价。

1）强化对参建单位的合同履约管理，对于不称职的施工项目经理、总监理工程师、设计工代等现场管理人员，提出撤换建议并报建设管理部门。

2）工程建设任务完成后，根据工程建设合同执行情况，提交对设计、施工、监理单位及物资供应商的评价报告。

（10）配合工程建设管理单位开展工程结算、审计、财务决算、工程

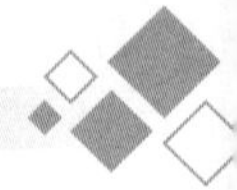

创优评比等相关工作。

（11）现场安全管理。

1）负责工程项目现场安全综合管理和组织协调，组织监理、施工项目部落实相应的安全职责，建立项目安全管理台账。

2）制定工程项目安全管理总体策划方案，并组织实施。批准施工项目部施工安全管理及风险控制方案、工程施工强制性条文执行计划，批准监理项目部安全监理工作方案，并监督实施。组织实施工程项目安全考核奖惩措施。

3）审批施工项目部报送的分包计划和申请，上报项目分包动态信息，监督施工项目部对分包安全的全过程管理。审核现场应急处置方案，检查施工项目部开展有针对性的应急演练工作。审批施工项目部安全文明施工措施费使用计划，并监督现场使用情况。

4）对两个及以上施工企业在同一作业区域内进行施工、可能危及对方生产安全的作业活动，组织签订安全协议，明确各自的安全生产管理职责和应当采取的安全措施，并指定专职安全生产管理人员进行安全检查与工作协调。

5）开展安全风险管理，组织监理、施工项目部对工程项目关键工序及危险作业开展施工安全风险识别、评价，制定针对性的预控措施，并监督落实。

6）组织安全检查活动，监督安全隐患闭环整改。组织项目参建单位开展安全管理竞赛活动。

7）对工程项目安全管理工作不称职的施工项目经理、安全管理人员或安全监理人员，提出撤换要求。

8）负责工程项目安全信息的收集与报送。组织开展工程项目安全管理评价工作。负责对设计单位和施工、监理项目部进行安全管理工作考核

与评价。

9）配合配网建设安全事件的调查处理工作。

（12）工程质量管理。

1）负责工程质量的综合管理和组织协调工作，监督工程建设质量管理制度、标准设计、标准物料、标准工艺的执行及合同质量要求的落实。

2）组织设计交底及施工图会审。

3）监督、检查质量通病防治措施的落实和标准化建设的实施。

4）开展质量例行检查，参与工程质量竞赛评优等活动。

5）负责项目建设质量管理工作信息的上报、传递和发布。

6）负责工程档案资料收集、整理、上报、移交工作。

（13）其他。受建设管理单位委托，完成其他任务。

二、项目管理

（一）前期管理

工程前期阶段主要管理工作内容包括项目管理策划、里程碑计划管理、招标配合、设计管理、工程开工管理等。

1．项目管理策划

（1）根据项目计划以及建设管理单位确定的工程建设目标，编制工程建设管理纲要，工程建设管理纲要应包括工程概况、工程建设管理体制、工程建设管理相关内容。

（2）参建单位确定后，将工程建设管理纲要等策划文件分发各参建单位。

（3）组织设计单位编制设计策划，工程开工前，审批监理项目部编制的监理规划、施工项目部编制的项目管理实施规划。

（4）按照《国家电网公司应急工作管理规定》（国网安监/2 483—2014）参加项目应急小组活动。组织监理项目部、施工项目部成立工程项目应急工作组，由业主项目经理担任组长，组织编制现场应急处置方案。

2．里程碑计划管理

配电网工程里程碑计划包括一体化设计编制评审、投资计划下达、ERP 预算编制和下达、ERP 项目创建、初步设计概算批复、服务类合同签订、物资需求计划提报、物资需求计划分配、物资配送、工程开竣工、

工程验收、工程决算13个关键节点的责任主体、时限要求以及月度完工项目比例等内容。

3. 招标配合

（1）配合建设管理单位编制上报设计、施工及监理招标申请需求；参与招标文件编制及审查。

（2）配合建设管理单位及时签订设计、施工、监理合同和工程质量终身责任承诺书。

（3）完成物资的需求预测及执行计划申请；参与物资技术规范确认。

4. 设计管理

（1）参与项目一体化设计审查，重点审查项目实施可行性、典型设计及标准物料的应用、初步设计概算的编制深度、概算资料完整性。

（2）督促设计单位按照项目设计计划出具施工图。

（3）组织施工图会检，监督纪要的闭环落实；必要时组织设计联络会，协调设计单位与物资供应商完成技术确认。

（4）审核确认工程设计变更中的技术内容，执行设计变更制度，履行设计变更审批手续。

5. 开工管理

（1）审查施工项目部上报的组织措施、技术措施、安全措施及施工方案等相关文件。

（2）负责办理建设工程施工许可等行政许可相关手续。

（3）严格履行工程开工审批手续，审查开工条件的落实，工程开工报审获得批准后，方可开工建设。

（4）组织设计、安全技术交底。

（5）参与成立工程项目应急工作组。

（二）进度管理

业主项目部应对以下几个节点进行管控：

1. 工程开竣工

加强工程计划管控，根据里程碑计划，科学制定月度、周施工计划。按照公司相关规定，严格落实开工条件，在履行完开工审批手续后开工建设，确保工程“开工严格、推进有序、投产均衡”。

2. 工程验收

原则上单项工程竣工 7 天内完成验收，单项工程全部结算后 1 个月内完成批次工程自验收，地、市供电公司 1 个月内完成复验，公司对验收情况进行监督检查。若上级有专门要求，公司按要求时间节点组织完成总体验收。

（三）工程验收

1. 工程验收程序

（1）中间验收，单项工程的分部、分项完工后，需开展中间验收。

（2）单项工程完工后，均应开展班组自检、施工项目部复检、公司级验收。具备监理初验条件后，完成监理初检。

（3）工程完工后，开展竣工投产验收、移交。

（4）批次工程完工后，市、县公司开展批次工程自验收。

（5）批次工程自验收后，市公司组织开展批次工程整体验收。

（6）批次工程整体验收后，报省公司备案。省公司根据需要对市公司批次整体验收结果开展核查或总体验收。

（7）中央预算内投资项目的总体验收工作按照政府有关要求执行。

各类验收中发现的问题需经整改闭环并经验收方认可后方可开展后续工作。

2. 单体工程中间验收

（1）单体工程需开展中间验收范围。

开闭所土建工程、电力电缆工程（电缆沟、电缆隧道）、钢管杆、角钢塔、大弯矩杆、窄基塔等线路工程杆塔组立前、导地线架设前。其他需要开展中间验收的工程。

（2）中间验收的内容、重点。

开闭所重点检查设备基础、建筑物基础部分。电力电缆工程重点检查电力电缆敷设施工、电缆接头施工、电缆附件安装施工。电力隧道工程重点检查竖井、初衬、二衬、防水施工等。

钢管杆、角钢塔、大弯矩杆、窄基塔等线路工程杆塔组立前，重点检查基础工程，其中耐张塔、重要跨越塔基础全检。导地线架设前，重点检查杆塔组立，其中耐张塔、重要跨越塔全检。

（3）中间验收由建设管理单位组织或委托业主项目部组织，出具工程中间验收报告，并监督问题闭环整改。

3. 单体工程验收

单体工程验收重点为检查工程安全质量情况、核实工程量、检查典设执行情况、标准化物料的使用情况、标准施工工艺、设计变更情况以及单项工程项目档案。

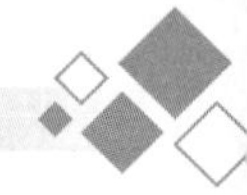

单体工程验收分施工三级自检、监理初检、竣工投运验收三个步骤。

（1）施工三级自检。

班组自检应在单体工程（施工单元）完成后，由施工班组独立完成。经班组自检合格后，由施工项目部完成项目部复检工作。项目部复检不得与班组自检合并组织。公司级验收由施工单位工程质量管理部门根据工程进度开展，采取过程随机检查和阶段性检查的方式进行，以确保覆盖面。施工单位填写竣工报告及验收申请表。

（2）监理初检。

监理项目部审查施工单位竣工报告及验收申请，组织监理初检。监理初检主要核查工程资料是否齐全、真实、规范，是否符合工程实际，是否满足国家标准、有关规程规范、合同、设计文件等要求；并对工程竣工工程量、施工质量、工艺是否满足国家、行业标准及有关规程规范、合同、设计文件等要求进行现场检查。

监理单位要对所有单体工程逐项开展监理初检工作。监理巡视、平行检验过程中积累的不可变记录（如基础坑深、基础断面尺寸等）可作为初检依据。监理项目部对初检发现的问题提出整改通知单，督促施工项目部制定整改措施并实施。施工项目部整改完毕后监理单位须进行复查并签证，确认合格后出具监理初检报告，报送业主项目部。

（3）竣工投运验收。

建设管理单位在施工单位三级自检、监理初检合格的基础上，组织运行、设计、监理、施工及物资供应等单位开展单体工程竣工投运验收。单体工程竣工投运验收完成所有的缺陷闭环整改后，出具竣工验收意见。经运行单位签字认可后，由运行单位组织投运工作。

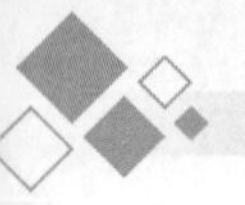

4. 批次工程验收

（1）工程验收。

工程验收包含单体工程检查和综合评价两个部分，综合评价重点验收工程计划管理、建设管理、安全管理、质量管理、档案管理、招投标及物资管理、资金与财务管理以及工程审计等8个方面内容。

（2）批次工程验收时间。

批次工程自验收要求批次工程结算完成后1个月内完成。批次工程整体验收要求批次工程自验收完成后1个月内完成。批次工程总体验收按照省公司、政府有关部门要求另行确定。

（3）批次工程验收组织。

由市、县公司负责组织批次工程自验收，工程验收组由建设管理、运维检修、物资、财务、设计、施工、监理的代表组成。批次工程整体验收由市公司负责组织，工程验收组由建设管理、发展、运维检修、物资、财务、审计、安质等相关专业专家组成。批次工程总体验收按照省公司、政府有关部门要求另行确定。

（4）批次工程验收范围。

批次工程自验收范围：批次所含全部单体工程。

批次工程整体验收范围：参照国家发改委、能源局《农村电网改造升级工程验收指南》，验收抽检单项工程比例不低于30%，且应兼顾各类工程项目。省公司初步设计审查的重点项目必须包含在验收范围内。

批次工程总体验收范围：按照省公司、政府有关部门要求另行确定。

（5）批次工程验收标准。

批次工程验收标准：单项工程检查按照《国网河南省电力公司配电网优质工程评选办法（试行）》（豫电配网〔2016〕2号）执行。综合检查按

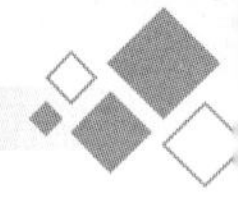

照《国网河南省电力公司配电网批次工程验收综合评分标准》（豫电配网〔2016〕584号）执行。

批次工程总体验收标准：按照省公司、政府有关部门要求另行确定。

（6）批次工程验收后需提交的资料。

批次工程自验收：批次工程自验收报告，按照验收评分标准完成自查评分、随单体工程档案资料归档，综合评价资料在批次工程综合资料归档。

批次工程整体验收：批次工程整体验收报告（含无法实施项目情况），抽查项目清单，自查评分验收结论。批次工程整体验收报告需要市公司行文上报省公司，并在县公司批次工程综合资料归档。

批次工程总体验收：按照省公司、政府有关部门要求另行确定。

（四）工程结算

1. 结算原则

施工及物资费用以项目投资计划批复的单项工程为单位进行结算，竣工一项、验收一项、结算一项。设计、监理及建设管理等其他费用，按批次工程结算。

2. 依据

依据招标文件及其相关澄清文件、中标人的投标文件、中标通知书，与承包人签订合同，所有工程价款确定及费用结算必须以合同为依据。合同未做约定或约定不明的，应依据国家有关法律、法规和计价标准、办法，由发、承包人协商，并以补充合同的方式明确，补充内容不能与原合同及招投标文件相冲突。

（五）合同履约管理

（1）对设计、监理、施工合同的执行情况进行过程管控，及时协调合同执行过程中的各种问题。

（2）配合跟踪物资供货情况，向物资管理部门及时反馈物资供货中存在的问题。

（3）依据设计、监理、施工合同履约情况，审查合同款支付手续；审核各参建单位的索赔申请，上报建设管理单位。

（4）对项目主要设计人员，以及监理项目部、施工项目部的主要管理人员工作开展不称职的，可向相关单位提出人员撤换要求。审核监理单位、施工单位提出的监理、施工项目部主要管理人员变换申请。

（5）同一批次工程项目竣工投运后2个月内，完成设计、监理和施工单位合同执行以及履约情况总体评价。

（六）建设协调管理

（1）组织召开工程周例会、月度例会，并根据需要召开专题协调会，及时协调工程建设及合同执行过程中出现的进度、安全、质量、物资等问题，签发会议纪要并监督落实。

（2）开展项目建设外部协调和政策处理工作，协调有关单位做好项目征地拆迁、青苗和地上附着物补偿等各类问题，重大制约性问题上报建设管理单位。

（七）信息与档案管理

（1）及时组织宣贯上级文件，做好文件收发记录。

（2）通过配电网工程管理系统、视频监控、移动应用等信息化手段，

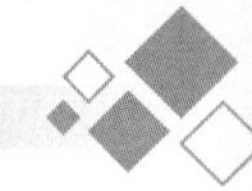

进行工程建设全过程现场管控。

（3）执行配电网工程信息化管理要求，在信息系统及时、准确、完整填报本项目部涉及信息。

（4）指导、监督监理项目部和施工项目部开展工程信息化应用工作。收集、分析、上报信息化应用过程中的问题和建议。

（5）按照《国网河南省电力公司关于印发10（20）千伏及以下配电网工程文件归档范围和档案模板（试行）的通知》（豫电配网〔2019〕278号）的要求，及时收集、整理工程资料和影像资料。

三、安全管理

（一）施工分包安全管理

（1）贯彻落实国家电网公司、省公司、市公司分包管理工作各项要求，负责对所辖工程项目施工分包安全管理工作的监督、检查。监督检查施工承包商对其分包商的管理，定期组织开展分包管理专项检查。

（2）审批施工项目部报送的工程项目分包计划及分包申请，严格控制工程项目的分包范围。审查分包商资质和业绩，按流程审批工程项目分包申请。定期组织开展工程项目分包管理检查，考核评价工程项目各参建单位的分包管理工作。

（二）安全风险管理

（1）做好风险识别、评估和控制工作，履行重大风险作业到岗到位责任。

（2）监督检查作业现场预控措施落实，履行风险作业到岗到位责任。

（3）工程项目建设过程通过开展阶段性安全管理评价防控风险。配网建设安全风险按分层逐级管控原则进行管理及考核评价。实行上级监督评价下级、业主项目部监督评价施工项目部、施工项目部监督评价施工队（班组）和分包单位，确保配网建设安全风险得到有效控制。

（三）安全文明施工管理

（1）组织监理、施工项目部管理人员学习有关管理制度、技术标准；

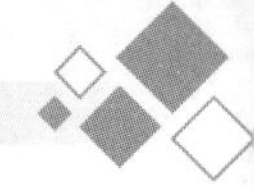

建立业主项目部安全管理台账。

（2）组织核查监理和施工单位的资质有效性、相关人员持证情况。

（3）组织审查施工合同和安全协议中安全文明施工内容。审核监理、施工单位编制的策划文件中的安全管理内容，并监督执行。

（4）审查监理项目部提交的工程分包计划，分包单位资质应符合国家、行业相关要求，不得超越资质范围承揽工程，监督施工项目部贯彻落实分包管理要求。

（5）严格执行安全技术交底和安全监督制度，加强施工现场全过程安全管控。检查、评价、考核参建单位安全文明施工工作的开展情况。

（四）安全检查与监督

（1）配网建设安全检查分为例行检查、专项检查、随机检查、安全巡查四种方式。

1）根据省公司、市公司管理要求或季节性施工特点，开展春、秋季等例行检查活动。

2）根据工程项目实际情况，对施工机械管理、分包管理、临近带电体作业等开展专项检查活动。

3）根据管理需要和项目施工的具体情况，适时开展随机检查活动。

4）按照配网建设安全动态管理要求，省、市公司组织成立配网建设安全巡查组，明确工作要求，开展常态化的配网建设安全检查活动。

（2）各类安全检查中发现的安全隐患和安全文明施工、环境管理问题，应下发整改通知，限期整改，并对整改结果进行确认，实行闭环管理；对因故不能立即整改的问题，责任单位应采取临时措施，并制定整改措施计划报上级批准，分阶段实施。对于构成安全隐患的问题，整改要求和程序要严格执行公司关于隐患排查治理的相关规定。

（3）各类配网建设安全检查工作应尽量采取不预先通知和直接检查工程现场的随机检查方式，确保真实反映项目安全管理情况。

（4）省公司组织开展安全管理经验交流推广活动，推动工程建设过程中安全管理体系的建立和运转、安全管理责任落实和规章制度等管理要求的落实。

（5）省公司及市（县）公司安全监督部门及其安全监督人员行使配网建设安全监督职能，监督国家有关安全工作法律、法规和国家电网公司有关安全规章制度的贯彻执行情况，监督同级及下级单位的各部门、各级人员配网建设安全责任制的落实，发现问题，及时督促整改。

（6）省公司及市（县）公司安全监督部门对配网建设安全工作进行监督检查，参与配网建设安全会议、各类安全检查、安全教育培训等例行工作。

（7）省公司及市（县）公司安全监督部门是配网建设安全事件调查、处理的归口管理部门，负责配网建设安全事件的统计、上报工作，统一对外发布安全信息。

（五）安全教育培训

（1）配网建设安全教育培训工作实行逐级负责制，确保全员接受培训，提高安全管理和技能水平。

（2）对监理、施工项目部主要管理人员参加培训的情况进行检查、监督。

（六）例行会议

（1）业主项目部每月至少召开一次安全工作例会，检查工程项目的安全文明施工情况，提出改进措施并闭环整改。

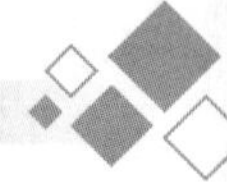

（2）安全会议及安全活动应有完整的记录。

（七）应急与事故处理

（1）将应急管理工作纳入本单位应急管理体系，服从本级应急管理机构的统一领导。

（2）配网建设专业应急工作组组长由市、县公司配网建设管理部门负责人或业主项目部经理担任，副组长由区域内各总监理工程师、各施工项目经理担任，工作组成员由项目业主、监理、施工项目部的安全、技术人员组成。

（3）根据工作需要，及市、县公司配网建设管理部门工作安排，制定现场应急处置方案。现场应急处置方案包括（但不限于）：

1）人身事件现场应急处置。

2）垮（坍）塌事故现场应急处置。

3）火灾、爆炸事故现场应急处置。

4）触电事故现场应急处置。

5）机械设备事件现场应急处置。

6）食物中毒事件施工现场应急处置。

7）环境污染事件现场应急处置。

8）自然灾害现场应急处置。

9）急性传染病现场应急处置。

10）群体突发事件现场应急处置。

（4）配网建设专业应急工作组接到应急信息后，应按规定启动应急预案，组织救援工作，同时上报上级应急管理机构。应急响应要及时、迅速、有序、处置正确。事故（事件）现场得以控制，环境符合有关标准，导致次生、衍生事故隐患消除后，应急响应结束。

（5）发生安全事件后，相关单位应迅速抢救伤员，并派专人严格保护现场。未经调查和记录的配网建设安全事件现场，不得任意变动。

（6）安全事件报告应当及时、准确、完整，不得迟报、漏报、谎报或者瞒报。

（7）配网建设安全事件实行即时报告制度。即时报告除严格执行国家关于安全事件报告的有关规定和《国家电网公司安全事故调查规程》（国网安监〔2011〕2024号）有关条款外，应严格执行以下要求：

1）发生配网建设安全事件后，现场施工负责人在向本单位负责人即时报告的同时，要向业主、监理项目部报告。

2）根据事故（事件）级别确定的上报层级、时间要求和上报形式，各级配网建设管理部门向上级配网建设管理部门报告事故（事件）情况。必要时，可越级上报。

（8）根据管理权限和上级授权，组织或参与事故（事件）调查组工作，参与工程建设的有关单位应积极配合调查工作。事故（事件）调查应按照“四不放过”原则，总结事故（事件）教训，提出整改措施。

（9）发生安全事件的单位应认真落实事故调查处理结论和整改措施要求，在征得事故（事件）调查组的同意后，组织事故（事件）现场的处理与恢复；同时应吸取教训，认真组织落实整改，杜绝类似事故（事件）的发生，并应做好事故（事件）资料的收集、整理、统计和存档工作。

（八）安全责任考核

（1）严格落实现场安全管理责任，监督施工项目部对工程所有关键点安全管控措施进行全数自查，督促监理项目部对工程所有关键点安全管控措施进行巡查。

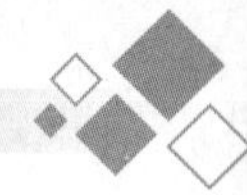

（2）对施工队伍管理、现场勘察、施工方案、工作票执行、作业现场安全措施等情况定期分析评价、考核。

（3）检查和评价结果纳入对监理、施工项目部综合评价内容，在工程结算时，依据合同给予经济考核。

四、质量管理

（一）日常质量管理

1. 质量教育培训

（1）配电网工程质量教育培训工作，实行逐级负责制，确保全员接受培训。

（2）省市、县公司结合年度培训计划，对各级建设管理人员和在建项目主要管理人员进行质量培训。

2. 质量工作例会

（1）每月至少召开 1 次质量工作例会，协调工程项目质量管理中存在的问题，提出改进措施并闭环整改。

（2）根据工作需要，适时组织召开有关设备质量、设计质量、施工质量等方面的专题质量会议，及时协调解决出现的问题。

3. 质量检查与验收

不定期组织开展工程质量巡查、专项检查、互查等工作。

4. 质量事件的报告和处理

（1）工程质量事件按照省、市公司相关质量事件调查处理规定进行处理。

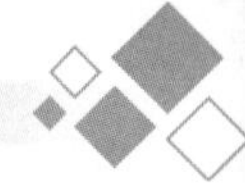

（2）工程质量事件实行即时报告制度。工程质量事件发生后，现场有关人员应立即向现场负责人报告；现场负责人接到报告后，应立即向本单位负责人报告；各有关单位接到质量事件报告后，应根据事件等级和相应程序上报事件情况。

（3）按质量事件等级组织质量事件调查，并按要求填写质量事件调查报告书。

（4）质量事件调查组要核实质量事件情况，分析质量事件发生的原因，认定质量事件的性质和责任，提出对责任单位及有关人员的处理建议，总结质量事件教训，提出整改和防范措施。

5. 工程项目质量目标

（1）新建、改造工程典型设计应用率、标准物料执行率均达到100%。

（2）工程“零缺陷”投运。

（3）工程使用寿命满足国家电网公司相关要求。

（4）不发生因工程建设原因造成的六级及以上工程质量事件。

6. 工程建设阶段质量管理

（1）工程开工前，业主项目部组织召开第一次工地例会，各参建单位介绍驻现场组织机构、人员及分工，明确工程质量目标及保证措施。

（2）结合工程实际开展工程质量管理策划。

（3）在工程开工前组织设计交底和施工图会审，签发会议纪要。

（4）施工项目部在开工前落实施工人力和机械、物资材料、计量器具、特殊工种作业人员、施工方案等准备工作，将相关资质、检测报告等证明文件报监理项目部审查，监理项目部对开工应具备的条件审查合格后，签署开工报审意见，报业主项目部批准。

（5）监理项目部受业主项目部委托组织设备材料的到场验收，做好材料的进场检验、试验、见证取样等质量控制工作。

（6）勘察设计单位应及时研究解决勘察设计问题，发生变更的应及时提交设计变更文件，履行设计变更审批手续，明确造成设计变更的原因和责任。发现与设计不符合的质量问题应及时向监理或业主项目部报告。

（7）督查工程建设标准强制性条文执行工作的落实情况。

（8）及时采集、整理数码照片、影像资料，利用数码照片等手段加强施工质量过程控制。

（9）做好工程质量信息管理工作，按照公司档案管理要求及时将工程质量管理的相关文件、记录整理归档。

（10）受建设管理单位组织委托组织验收，出具验收报告。

（11）工程竣工验收中发现的问题和缺陷由责任单位负责整改消缺，整改消缺完毕后工程验收组应及时复查并签证。

（二）优质工程管理

1. 参评项目基本要求

（1）工程建设执行公司有关技术标准，符合基本建设程序，符合配电网工程项目管理办法的要求。

（2）工程项目必须通过启动验收且移交生产运行时间满 3 个月、不超过 15 个月。

（3）工程项目开工至评优申报期间，未发生安全质量事故。

2. 申报材料

（1）优质工程自评报告。

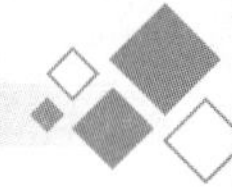

（2）优质工程考核评价明细表。

（3）工程照片：反映项目全貌、土建工程、安装工程、特色部位的数码照片 15~20 张照片，并配简要文字说明。照片应有较高清晰度，分辨率应至少达到 1024×768，图片文件大小应至少达到 2MB。线路照片应包括全景、安装工程（分直线、耐张、终端杆等）、土建工程（含隐蔽工程）、特色部位等。台区照片应包括变台正面、侧面、背面、低压线路全景、安装工程（分直线、耐张、终端杆等）、低压下户、计量箱内外部、特色部位等。电缆工程照片应包括电缆头工艺、电缆分接箱内外部、土建工程（含隐蔽工程）、特色部位等，开闭所工程照片应包括全景、土建工程（含隐蔽工程）、二次接线、特色部位等。

3. “配电网百佳工程”申报材料

（1）配电网优质工程命名文件。

（2）市公司年度配电网优质工程评选工作总结。

（3）市公司配电网优质工程评选汇总表。

（4）“配电网百佳工程”推荐排序表。

（5）反映项目全貌、土建工程、安装工程、特色部位的数码照片。

4. 现场备检材料

（1）工程项目立项、可研、初设等文件。

（2）工程建设（设计、施工、监理）合同。

（3）工程各阶段监督检查材料。

（4）工程概（预）算书和结算书。

（5）工程开工、竣工、验收及审计报告等资料。

（6）运行单位对工程投运后运行情况的评价意见。

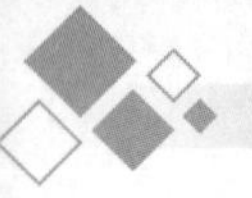

5. 评选与命名

（1）配电网优质工程评选分为项目建设管理单位自评申报、市公司现场查验和评选命名三个阶段。

自评申报：项目建设管理单位依据优质工程评价标准，对年度所有竣工投运的工程项目进行自评，对于符合评价标准的工程项目按程序申报优质工程。

现场查验：对于项目建设管理单位申报的优质工程项目，市公司组织进行现场查验、评价。对申报的项目，市公司现场查验率应不低于30%。

评价命名：市公司对申报的优质工程项目依据申报材料和现场查验结果，综合评价后按职责发布评选结果，命名优质工程。

（2）各市公司根据批次工程完工情况及时组织开展竣工项目的优质工程评选和命名工作，原则上每年三季度之前向省公司上报推荐“配电网百佳工程”项目。

（3）省公司依据《国网河南省电力公司配电网优质工程评价标准》（豫电配网〔2016〕2号）对市公司推荐的“配电网百佳工程”项目进行现场抽查，经过综合评定，择优确定并发布年度“配电网百佳工程”项目名录。

（4）省公司对市公司命名的优质工程项目进行现场抽查，对不符合标准的取消优质工程命名，并对市公司通报批评。

（5）优质工程评选可与工程督导检查、竣工验收等工作结合进行，避免重复检查。

（6）优质工程评价得分应记入项目工程档案。

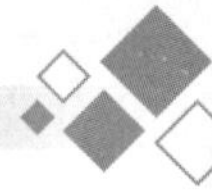

（三）优秀设计管理

1. 参评项目基本要求

（1）工程建设执行公司有关技术标准，符合基本建设程序，符合配电网工程项目管理办法的要求。

（2）工程项目必须通过启动验收，移交生产运行时间满 3 个月且不超过 15 个月。

（3）由于勘察设计原因引起的重大设计变更或由于勘察设计原因发生过重大工程事故的项目，一律不得申报配电网工程优秀设计工程的评选。

2. 申报材料

（1）优秀设计工程申报材料。

1）配电网工程优秀设计申报表。

2）配电网工程优秀设计评价打分表。

3）提供 10 ~ 12 张体现工程设计特点、创新与亮点的工程照片，并配简要文字说明。

（2）“配电网工程百佳优秀设计”申报材料。

1）配电网工程优秀设计申报表。

2）设计说明，初步设计、概算书、结算书及图纸（初设和竣工结算）资料。

3）市公司配电网工程优秀设计汇总表。

4）“配电网工程百佳优秀设计”推荐排序表。

5）提供 10 ~ 12 张体现工程设计特点、创新与亮点的工程照片，并配简要文字说明。

3. 评选与命名

（1）评选分为项目建设管理单位自评申报和评选命名两个阶段。

1）自评申报：项目建设管理单位依据优秀设计工程评价标准，对设计单位上报年度所有符合条件的竣工投运工程进行评价，对于符合评价标准的工程项目按程序申报优秀设计项目。

2）评价命名：市公司对申报的优秀设计项目根据申报材料和现场查验结果，综合评价后按职责发布评选结果，命名优秀设计工程。

（2）各市公司根据批次工程完工情况及时组织开展竣工项目的工程优秀设计评选和命名工作，原则上每年三季度之前向省公司上报推荐“配电网工程百佳优秀设计”项目。省公司依据《国网河南省电力公司配电网工程优秀设计评选办法》（豫电配网〔2016〕2 号）成立评选专家组，对市公司推荐的工程优秀设计项目经过综合评定，择优确定并发布年度“配电网工程百佳优秀设计”项目名录。

（3）评委会由省公司配电网办牵头，会同相关部门和单位组成，统筹组织配电网工程优秀设计评选工作。专家组一般由勘察、设计、管理、咨询、科研、运行等方面的专家组成。

（4）优秀设计工程评分应记入项目工程档案。

（四）流动红旗竞赛管理

1. 竞赛原则

省公司配网办根据年度工程进展情况，原则上每季度开展一次安全质量、工程进度和综合管理流动红旗竞赛，设“安全质量”“工程进度”“综合管理”流动红旗各 6 面，其中城区组各 1 面，县域组各 5 面。具体竞赛时间和批次安排另行通知。

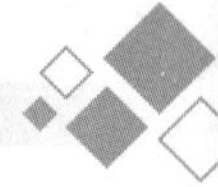

2. 现场检查

省公司配网办为竞赛组织单位，在相关专业内择优选派专家参加现场检查。每次检查分豫中、豫南、豫北 3 组同时进行，每组成员构成原则上不超过 5 人。流动红旗检查可结合其他检查同时进行。

3. 参赛项目基本条件

（1）市区工程参加市区组评选，工程应为公司系统年度批次配电网工程、投资不少于 1000 万元，批次工程投资 3000 万元以下原则上只参加一次评比，3000 万元以上的可以连续参加两个季度评比。

（2）县域工程参加县域组评选，工程应为公司系统年度批次配电网工程、投资不少于 1000 万元，批次工程投资 3000 万元以下原则上只参加一次评比，3000 万元以上的可以连续参加两个季度评比。

（3）项目审批手续齐全，满足标准化开工条件，项目建设管理规范。

（4）项目建设应处于单项工程配电设备安装、线路立杆、电缆敷设开始后的工程建设阶段，包括已完工的工程。

（5）项目开工以来，未发生各类安全及质量事故，未发生造成不良社会影响的事件。

4. 项目申报

汇总符合参赛条件的项目申报。每批次现场检查的单项工程不少于 3 个，类型不少于 2 类。

5. 考核评定

安全质量流动红旗检查评分标准参照《国网河南省电力公司配电网工

程安全、质量流动红旗评分标准》评定；工程进度流动红旗按照《国网河南省电力公司配电网工程进度管理流动红旗竞赛评分标准》评定；项目综合管理流动红旗依据《国网河南省电力公司配电网工程业主项目部管理办法》，综合考虑年内安全质量以及工程进度流动红旗评比情况，组织专家评定。

6．现场检查工作流程

（1）介绍项目管理过程总体情况，专家组通过现场检查和资料核实，全面评价工程项目管理体系运转情况，重点对项目建设过程进行追溯性检查。

（2）施工现场检查时，重点对施工过程、安全质量和现场资料进行检查。专家组对现场检查情况进行点评、交流，并整理检查报告。

7．其他

流动红旗竞赛坚决杜绝铺张浪费、违反八项规定和“四风”等问题，一经发现严肃处理，并取消责任单位年度内竞赛资格。

五、结算管理

（一）主要遵循原则

（1）实事求是的原则。施工费用结算必须以现场实际工程量为依据，做到竣工图纸、实际工程量、物资核算数量、工程结算书“四对照”；物资结算量必须与ERP系统物资提报、收发货、退库数据保持一致；设计、监理、咨询、技术服务等费用结算以合同约定为依据。

（2）限时管控的原则。配电网工程结算工作纳入工程里程碑计划管理，要细化工程结算节点，工程结算完成情况作为工程进度考核依据。批次工程结算完毕后，应限期将ERP系统有关物资类、非物资类采购供应数据及时清理，完成项目技术关闭操作。

（3）资料支撑的原则。各参建单位应按照《10（20）千伏以下配电网工程文件归档范围》（豫电配网〔2019〕278号）中的相关要求，及时完成工程竣工资料的收集整理，资料必须真实、准确、完整反映工程建设过程，支撑工程结算，满足“两算审计”要求。

（二）工程结算管理

1. 结算资料的收集整理

地市、县供电公司建设管理部门是工程档案收集、整理节点的责任主体。工程建档应与工程设计、施工、验收、结算和决算等工作同步开展，设备管理部门应在工程竣工后10个工作日内完成PMS资料录入。工程的

竣工图、竣工报告、工程结算量、物料领用量与工程现场工程量“五对照”；档案中反映的工程开（竣）工、验收时间以及预（决）算、审计时间等各项工作时间符合逻辑。工程档案应在批次工程整体验收后6个月内向公司档案主管部门进行归档移交。

2. 工程结算

按照“工程竣工一项、结算一项、编制送审一项”的要求开展工程结算，单项工程验收15天内完成结算编制和送审，送审15天内完成结算审计，审计定案15天内完成结余物资清理和费用入账，费用入账后7天内完成暂估转资。

3. 工程决算

地市供电公司财务部在批次工程结算工作完成后20天内完成竣工决算编制，并配合审计部完成决算审计，其后公司财务部在10天内完成批复，确保批次工程结算后1个月内完成工程财务决算及转资。

4. 工程费用支付

（1）工程进度款，原则上按合同约定执行，监理单位要对工程进度进行核查，作为进度款支付依据。

（2）结算审计后应及时开具发票，办理入账转资手续。

（3）建设管理费用、生产准备费等其他费用，应随工程实施同步发生，不得突击开票入账。

六、技术管理

（一）设计变更管理

（1）设计变更管理流程包括设计变更的提出、审核、批准、形成工程变更文件、实施和文件归档。

（2）设计原因引起的设计变更由设计单位出具设计变更审批单。

（3）非设计原因引起的设计变更由施工、监理或项目部门等提出，出具设计变更联系单，交设计单位出具设计变更审批单后进入审批流程。

（4）设计变更审批流程。

1）项目如发生一般设计变更，提出单位应及时通知相关单位，地市（县）公司项目管理部门组织各单位3个工作日内完成设计变更审批单的审批。

2）项目如发生重大设计变更，提出单位应及时通知相关单位，经市公司配网办审核后，由地市公司配网办组织各单位5个工作日内完成设计变更审批单的审批，设计单位出具工程设计图及概算书后，原审批部门重新组织评审、批复。

3）设计变更批准后，由监理单位下发现场执行。设计变更应由设计单位、监理单位、施工单位、县公司发展建设部、地市公司配网办配网办按变更审批权限签署确认。如果发生紧急情况，监理单位认为将造成人员伤亡或危及项目法人权益时，可直接发布处理指令，由此引起的设计变更应按《国网河南省电力公司配电网工程设计变更指导意见》（豫电配网〔2018〕523号）的规定补办签署意见。

（5）设计变更文件应准确说明工程名称、变更原因、变更提出方、变更内容、变更工程量及费用变化金额，并附变更图纸和变更后的工程概算书。

（6）设计变更应及时实施，并严格执行施工、验收标准，满足标准化建设要求。

（7）设计单位编制的竣工图应准确、完整地体现所有已实施的设计变更，符合归档要求，随工程档案一并归档。

（8）设计变更未按规定履行审批手续，其增加的费用不得纳入工程结算。

（二）施工方案管理

1. 施工方案的编制和审批流程

施工方案分为三个部分，一是考虑配网工程的同质化情况，固化了通用部分的条款和内容；二是按照配网工程类别不同，在安全和技术措施中，分工程类别固化了专用部分的条款和内容，在施工方案编制时可结合工程类别选取；三是考虑到配网工程的差异化，每个单体工程在开工前应根据现场实际情况编写单体工程施工方案，明晰现场危险点及控制措施，现场特种作业车辆、主要施工机具清单。

施工单位编制总体施工方案、单体工程施工方案，经本单位主管领导批准后，报至监理单位、建设管理单位审批并备案。

监理单位、建设管理单位对总体施工方案进行审批并备案；监理单位、配网工程业主项目部对单体工程施工方案审批并备案。

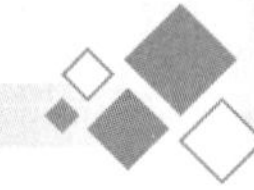

2. 施工方案编制的要点及注意事项

在具体工作中，各施工单位应根据具体实际的施工现场情况，按照“谁施工、谁编写”的原则，在配网工程开工前，施工单位应当组织进行现场勘察，并按要求填写现场勘察记录。根据现场情况、工程内容，编制有针对性的施工方案。

在编制总体施工方案时，要结合工程类别，选取合理的专用安全和技术措施。在编制单体工程施工方案时，要结合现场实际情况，编制合理的施工计划，增加差异化的安全、技术措施。方案各部分编制注意事项如下：

（1）工程概况及施工计划。

要说明工程的规模、施工环境，在施工计划中要依据施工方案编制有针对性的施工计划，特别是分步骤实施的工程，要重点说明各阶段工作内容和时间节点。

（2）组织措施。

要明确组织机构成员组成：总体施工方案应明确工程总负责人、技术负责人、安全负责人、现场工作负责人等成员及施工班组工作职责；单体施工方案应明确工程现场工作负责人、安全监护人、工作班成员。

（3）技术措施。

要明确工程施工特点、施工工艺、施工方法以及为达到工程技术标准、规范要求所采取的技术措施；要明确质量标准及监督内容、检查方法等；要明确施工所需的特种作业车辆以及主要施工机械、机具或设备等。

（4）安全措施。

要明确带电部位（包括临近间隔或带电线路）及应采取的安全措施；要明确重要跨越地段及跨越措施；要明确登高作业安全措施；要明确其他

应采取的安全施工措施；要明确现场危险点及控制措施。

（5）文明施工与环境保护措施。

按照现场文明施工及环保要求，提出作业前后和作业过程中的具体措施，保障施工现场清洁有序，材料、工具摆放合理，分类存放，保证现场安全、文明施工作业。

应针对施工区域内的建筑物、设备基础、道路、地下管线、构支架、设备等可能遭受到的破坏和污染提出控制措施；应按照有关环境保护法律、法规、标准等要求，在施工现场采取措施，防止或者减少建筑垃圾、粉尘、废气、废水、废油、固体废物、噪声、振动和施工照明对人和环境的危害和污染；应结合现场情况设置格挡、围栏、警示标识等各类隔离措施，防止无关人员进入施工现场或施工过程中对外部人员造成伤害。

（6）应急救援处置预案。

根据施工现场环境，结合电力建设工程施工特点，要充分考虑施工中可能出现的突发情况，对施工现场易发生事故的部位、环节进行监控，提前落实应急救援处置措施，包含可能出现的突发情况、应急救援、现场处置等内容。

七、评价机制

（一）业主项目部考评

（1）省、市公司每年开展业主项目部检查评比，评选省、市公司层面优秀业主项目部，并将业主项目部管理工作纳入配电网工程建设管理综合评价考核。考核标准详见《业主项目部综合评价标准》。

（2）市公司每年在优秀项目部评选的基础上开展优秀项目经理、优秀安全员、优秀质检员等评比工作，并将评选结果纳入本人年度业绩考评。

（二）安全工作考评

（1）省公司配网建设安全考核工作按照责权对等、奖罚结合的原则，建立健全配网建设安全工作奖惩机制，推进各级配网建设安全责任制的落实。

（2）省公司负责考核评价市、县公司配网建设安全管理工作，并作为对相关单位配网建设安全管理考核评价依据，依据评价结果通报表扬年度配网建设安全管理先进单位和个人。

（3）建设管理单位在工程项目合同中明确对安全文明施工、违章及未遂事故（事件）的考核要求，依据合同有关条款及有关规定的要求，对监理、设计、施工等参建方进行安全考核及评价。

（4）项目安全管理评价结果是项目安全工作考核依据之一，业主项目部应对管理评价不合格的项目部及责任人进行通报批评，并依据有关制度及工程合同进行处罚。

（5）业主项目部应通报批评安全检查中发现的违章以及安全隐患未及时整改的项目部和责任人，并依据有关制度规定及工程合同约定进行处罚。

（6）对现场发生的违章及未遂事故（事件），监理项目部应签发书面通知并进行处罚，报业主项目部备案。

（7）对参建单位发生的安全事件（事故）依据合同约定进行处罚。

（8）省公司系统发生配网建设安全事件（事故），应根据事件的性质、等级，依据公司有关规定，对系统内事件责任单位和个人进行责任追究和经济考核。

（9）配网建设安全事件信息未按规定及时上报或漏报、瞒报，按公司有关制度，对有关单位和责任人员进行处罚。

（10）业主项目部应评价考核参加工程建设的设计单位、监理、施工项目部安全管理工作，评价考核结果经建设管理单位审核后上报省公司，安全考核评价结果一定时段内与工程招投标挂钩。

（三）设计变更管理考评

（1）为落实工程设计管理工作全过程管控要求，对配电网工程开展设计工作评价及考核。

（2）地市公司配网办会同发展部每季度对设计单位开展设计工作服务质量考核评价，填写《配电网工程设计工作质量考核评价表》，上报公司配网办核定，评价结果纳入年度设计承包商评价内容。

（3）地市公司配网办依据与设计单位签订的工程勘察设计合同条款，开展设计考核评价，形成《配电网工程设计考核评价打分表》，经主管领导审定签字确认后，作为调整设计费用的结算依据。

（4）国网河南经研院依托国家电网公司配电网工程标准化设计管理系

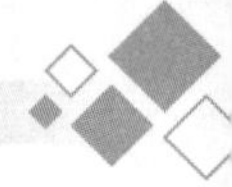

统，对设计单位上传的设计成果进行核查，核查结果报省公司配网办。

（5）省公司配网办对地市供电公司设计管理工作进行监督、检查、评价，设计评价结果纳入同业对标进行考核。

（6）省公司定期组织开展设计承包商评价，评价结果纳入设计框架招标。

（四）优质工程考评

（1）获得省公司“配电网百佳工程”称号的项目管理单位及主要人员在评选先进单位和先进个人时优先考虑。

（2）获得省公司“配电网百佳工程”命名的市、县公司在年度同业对标中适当加分，具体加分标准按省公司有关规定执行。

（3）获得省公司“配电网百佳工程”称号的项目参建单位在名录发布后一年内（以发布日期为准）参与同类工程投标时可适当加分，具体加分标准按省公司有关规定执行。

（4）各市、县公司可按照工程管理的相关规定，建立“配电网百佳工程”相关的经济激励机制。

（五）优秀设计考评

（1）获得省公司“配电网工程百佳优秀设计”命名的市、县公司在年度同业对标中适当加分，具体加分标准按公司有关规定执行。

（2）获得省公司“配电网工程百佳优秀设计”称号的设计单位在名录发布后一年内（以发布日期为准）参与同类工程投标时可适当加分，具体加分标准按公司有关规定执行。

（六）流动红旗考评

（1）省公司配网办根据现场专家组工作汇报，审核检查组提交的检查报告，根据竞赛检查结果和专家组建议，确定流动红旗竞赛优胜项目，发布竞赛结果，通报活动开展情况。

（2）省公司对获得流动红旗的项目管理单位给予通报表扬。在流动红旗竞赛活动中表现优异的施工、监理、设计等参建单位，从竞赛通报公布之日起，公司在下一批次工程招标评标时予以适当加分。在流动红旗竞赛中做出突出成绩的个人，参赛单位可给予适当奖励。

（3）市公司根据参加流动红旗竞赛的相关情况及结果，在配电网工程建设管理考核评价时予以考虑。

（4）获得流动红旗的工程项目，质保期内发生重大影响的安全质量事件，以及后期检查中发现明显不符合建设管理要求的问题，取消命名，并在综合评价中予以考核。

（七）工作质量考核

（1）在设计使用年限内，因工程建设期间违反国家及公司工程建设有关规定，造成八级及以上质量事件的，均追究相关单位和人员的责任。

（2）省公司将工程质量工作纳入同业对标考核，定期公布评价结果。

（3）省公司对参建单位进行资信评价，按规定对做出突出成绩的单位给予招标加分等奖励；对质量管理工作不力、造成不良后果的单位给予按合同罚款、通报批评、资信评价扣分、评标扣分、不予授标等处罚。

（4）实行工程质量“一票否决”制。对工程实际质量指标明显低于控制目标、没有完成工程质量目标负有责任的建设管理单位相关人员，根据绩效考核等管理制度进行处罚。

（5）因工程质量原因造成人身事故、设备事故、电网事故的，按国家电网公司相关规定进行事故调查和处罚。

（6）因工程参建单位未能履行质量责任导致未能完成工程质量目标或者发生质量事件的，除按相关规定进行处罚外，还应对责任单位进行经济处罚，具体办法在工程合同条款中约定。

附录

附录1　项目部成立文件（模板）

××××××公司
成立××××××业主项目部的通知

公司所属各部室、单位：

根据配电网建设情况和工作需要，按照配电网标准化管理的相关要求，组建××××××业主项目部，分别负责有关工程的具体建设管理任务，具体业主项目部组织机构见附件。

附件：业主项目部组织机构表

建设管理单位（章）：

________年___月___日

附件　　　　　　　　　　业主项目部组织机构表

业主项目部名称				
姓名	业主项目部管理岗位	单位	职称 / 资格证书	联系电话
	业主项目经理			
	项目管理			
	安全管理			
	质量管理			
	造价管理			
	信息及资料管理			
	物资协调			
其他需要说明事项：				
业主项目部联系方式：				
电话：	传真：		邮箱：	

附录2　工程建设管理纲要

批准（建设管理单位项目分管领导或技术负责人）

______年__月__日

审核（建设管理单位项目主管部门主任）

______年__月__日

编写（业主项目部经理）

______年__月__日

业主项目部（章）

______年__月__日

注　1．本纲要涉及的参建单位未明确时直接写单位类型即可。

2．同一批次项目可编制一份建设管理纲要。

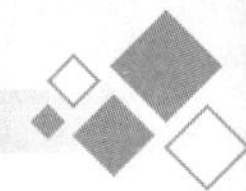

大纲

1　工程概况

1.1　工程简介

1.2　工程建设参建单位

1.3　工程建设目标

2　工程建设管理体制

2.1　项目建设管理网络

2.2　项目安全管理网络

2.3　项目质量管理网络

3　工程建设管理

3.1　计划进度管理

3.2　安全及质量管理

3.3　造价及合同管理

3.4　信息及档案管理

3.5　标准化及物资管理

3.6　项目创优示范管理

附录3　设计策划

批准（设计管理单位分管领导）

______年__月__日

审核（项目设总签字）

______年__月__日

编写（项目专业设计签字）

______年__月__日

设计单位（章）

______年__月__日

注　工程设计策划由专业设计人员编制，项目总设审核，设计单位分管领导批准。

大纲

一、工程概况

二、工程特点

三、主要技术方案

四、专项策划

五、创优目标

六、需协调的技术问题

七、后续工作计划和进度安排

附录4　现场应急处置方案

批　　　准：________________　　____年__月__日

审　　　核：________________

业主项目经理：________________　　____年__月__日

总监理工程师：________________　　____年__月__日

施工项目经理：________________　　____年__月__日

编　写　人：________________　　____年__月__日

业主项目部（章）

______年__月__日

大纲

1 总则

1.1 编制目的

1.2 编制依据

1.3 适用范围

1.4 应急预案原则

1.5 应急预案体系

2 危险性分析

3 组织机构及职责

3.1 应急组织体系

3.2 指挥机构及职责

4 预防与预警

4.1 危险点监控

4.2 预警行动

4.3 信息报告与处置

5 应急响应

5.1 报警与响应级别确定

5.2 应急启动

5.3 救援行动

5.4 应急恢复

5.5 应急结束

5.6 后期处置

6 应急保障措施

6.1 通信与信息保障

6.2　应急队伍保障

6.3　应急物资保障

6.4　应急运输保障

6.5　经费保障

7　培训与演练

8　奖惩

附录 5　工程质量终身责任承诺书

建档日期：______年__月__日

法定代表人授权书

兹授权我单位＿＿担任＿＿＿＿＿＿＿＿工程项目的（设计、施工、监理）项目负责人，对该工程项目的（设计、施工、监理）工作实施组织管理，依据国家有关法律法规及标准规范履行职责，并依法对设计使用年限内的工程质量承担相应终身责任。

本授权书自授权之日起生效。

被授权人基本情况			
姓名		身份证号	
注册执业资格		注册执业证号	
被授权人签字：			

授权单位（盖章）：＿＿＿＿＿＿＿＿＿＿＿＿

法定代表人（签字）：＿＿＿＿＿＿＿＿＿＿＿＿

授权日期：＿＿＿年＿＿月＿＿日

注　需附项目负责人执业资格证书、身份证以及法人代表身份证复印件。

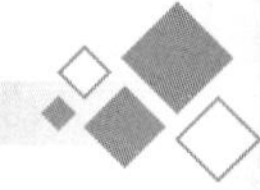

工程质量终身责任承诺书

本人受________________单位（法定代表人__________）授权，担任__________工程项目的（设计、施工、监理）项目负责人，对该工程项目的（设计、施工、监理）工作实施组织管理。本人承诺严格依据国家有关法律法规及标准规范履行职责，并对设计使用年限内的工程质量承担相应终身责任。

承诺人签字：______________________

身 份 证 号：______________________

注册执业资格：______________________

注册执业证号：______________________

签字日期：______年_____月_____日

附录6 业主项目部综合评价标准

序号	评价指标	标准分值	考核内容及评分标准	扣分	扣分原因
一	业主项目部标准化建设（10分）				
1	项目部组建	6	业主项目部组建符合公司规定的原则及标准，组建时间符合要求，项目管理人员以文件形式正式任命并按要求履行报备手续（查任命文件及报备资料，业主项目部组织机构管控表。无任命文件，扣2分；未按要求报备，扣2分；组建不及时，扣2分）		
2	项目部资源配置	4	应配备满足工程管理需要的办公设施、设备，以及必备的规程、规章制度等文件（查办公设施和管理制度。缺少一项扣0.2分）		
二	重点工作开展情况（70分）				
1	项目管理策划	8	建设管理纲要、安全文明施工总体策划等项目策划文件编制符合公司有关要求，科学合理、有针对性、符合工程实际，按要求履行编审批手续，发放及时到位等（3分）（查项目管理策划文件，发放记录等，每缺少一项扣2分；不规范，发放不及时、不到位，每项扣0.5分）		
			设计、施工、监理中标通知书及合同内容符合国家及公司有关规定，满足项目管理策划相关要求（2分）（查招标文件及合同，内容不符合相关国家及公司有关规定，每处扣0.5分；与项目管理策划中的有关要求不一致或符合性较差，每处扣0.5分）		
			及时对监理规划、项目设计计划、项目管理实施规划（施工组织设计）、项目进度计划、施工安全管理及风险控制方案、强制性条文执行计划等报审资料进行审查，审查意见明确、准确，有针对性，符合实际，并及时反馈报审单位（3分）（查业主项目部对参建单位策划文件审批表。每缺少一项扣1分；不规范、审查意见不准确、表述模糊，每项扣0.5分；反馈意见不及时，每项扣0.3分）		

续表

序号	评价指标	标准分值	考核内容及评分标准	扣分	扣分原因
2	标准化开工	4	开工前按要求核查项目核准及可研批复文件、相关支持性文件；初步设计及批复文件；设计、施工、监理中标通知书，合同文本等有关手续，经过批准的“四措一案”，落实标准化开工条件（3分）（查标准化开工审查管控记录表。未核查或核查内容不真实，每项扣1分）		
			由监理单位审查开工资料，业主项目部批准开工，审批手续齐全。按要求审批工程开工报审表（1分）（查开工报审表。未审批，扣1分；审批意见不明确或不准确，扣0.5分；审批不及时，扣0.5分）		
3	设计管理	4	及时组织设计联络会，组织设计交底和施工图会审，签发会议纪要并监督纪要的闭环落实（查设计联络会纪要、设计交底纪要、施工图会审纪要，纪要发放记录、相关管控记录表。未组织，每项扣2分；组织不及时，每次扣1分；会议议定事项落实不到位，每项扣1分；纪要发放记录不全、不及时，每项扣0.5分）		
4	工程协调与监督检查	15	定期召开工程例会，检查上次会议工作部署落实情况，对工作完成情况进行总结通报，布置下阶段主要工作（3分）（查工程例会记录、会议纪要。未组织，每项扣2分；组织不及时，每次扣1分；会议议定事项落实不到位，每项扣1分；发放记录不全、发放不及时，每项扣0.5分）		
			跟踪设备、材料供货情况，参与主设备的到场验收、开箱检查（3分）（查项目物资供货协调表、到场验收交接记录、开箱检查记录、专题会议纪要等。应开展而未开展，每次扣1分；开展不及时，每次扣0.5分；相关记录不全、每项扣0.5分）		
			落实公司配网工程管理的相关规定及要求，掌控工程现场安全、质量、进度、造价、技术等管理制度标准和工作计划落实情况，审批监理、施工项目报审的有关文件，按要求组织开展现场安全、质量等		

续表

序号	评价指标	标准分值	考核内容及评分标准	扣分	扣分原因
4	工程协调与监督检查	15	监督检查并监督整改闭环（6 分）（查安全、质量等过程管理往来文件及相关审批意见，相关监督检查、核查记录等。应开展而未开展，每项扣 2 分；开展不及时，每次扣 1 分；报审文件审批不及时，每项扣 0.5 分；审批意见不准确、不规范，每处扣 0.5 分；检查记录不全，每项扣 0.5 分；检查问题未整改闭环，每项扣 1 分）		
			及时协调工程建设过程中出现的有关问题，采取有效管理措施，确保工程按计划顺利实施（3 分）（查相关专题会议纪要。应开展而未开展，每次扣 2 分；开展不及时，每次扣 1 分；会议议定事项落实不到位，每项扣 1 分；发放记录不全、发放不及时，每项扣 0.5 分）		
5	设计变更管理	4	严格执行工程变更（签证）管理制度，及时组织审核确认工程设计变更（签证）中的技术及费用等内容，履行工程变更（签证）审批相关手续（查设计变更审批单。未按规定履行审批手续，每项扣 2 分；审批程序不规范，每项扣 1 分；审查意见不规范、不准确，每次扣 0.5 分）		
6	进度款审核	2	根据工程进度，按照合同条款审核确认工程进度款、工程其他费用支付申请并上报（查工程预付款报审表、工程进度款审核表。审核不规范，每次扣 1 分）		
7	工程验收及质量监督	8	参与或受建设管理单位（部门）委托组织工程中间验收，参与竣工预验收、启动竣工验收等工作（6 分）（查验收过程资料，验收管控记录表等。未按要求组织或参加，每项扣 2 分；检查问题未整改闭环，每项扣 1 分）		
			组织做好工程质量监督配合工作，监督落实整改意见（2 分）（查相关过程文件及资料。组织不及时，每次扣 1 分；整改意见未落实或落实不及时、不到位，每项扣 1 分）		

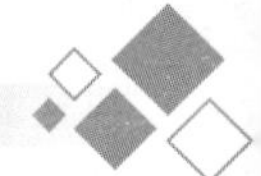

续表

序号	评价指标	标准分值	考核内容及评分标准	扣分	扣分原因
8	信息与资料管理	12	应用工程管理信息系统信息化手段，规范项目建设过程管理，推动监理、施工项目部落实信息化应用工作要求，确保系统数据录入及时、准确、完整（3分）（查相关工程信息管理系统。数据录入不及时、不准确、不完整，每项扣1分）		
			及时组织宣贯上级文件，来往文件记录清晰（3分）（查文件及收发文记录。每缺少一个文件，扣1.5分；不规范，每个扣1分）		
			及时完成资料收集，组织档案移交（5分）（查档案资料移交记录。未及时组织移交，扣5分；移交资料不全，每缺一项扣0.5分）		
			对工程建设管理工作进行系统总结，按照相关要求和格式进行编写并上报（1分）（查项目建设管理总结。未编写，扣1分；编写不规范，扣0.5分）		
9	参建单位评价	5	依据相关制度、合同等对项目设计、施工、监理单位开展履约评价，对物资供应商提出评价建议（查相关评价报告或记录表。未进行，每项扣2分；不规范或不准确，每项扣1分；评价考核不认真、打分不客观扣5分）		
10	管控记录表执行	8	履行管理职责，按要求填写管控记录表（查管控记录表填写的及时性、完整性、准确性，真实性。每缺少一项，扣1分；不规范，每项扣0.5分）		
三	工作成效（20分）				
1	进度管理	5	按里程碑进度计划开工、投产得满分。开工每延迟1个月，扣0.5分；投产每延迟1个月，扣1分		
2	安全管理	5	实现《国家电网公司安全管理规定》等所规定的工程项目安全目标，得满分，否则，得0分		
3	质量管理	5	实现《国家电网公司质量管理规定》等所规定的工程项目质量目标，得满分，否则，得0分		

续表

序号	评价指标	标准分值	考核内容及评分标准	扣分	扣分原因
4	造价管理	5	工程超概算且无工程变更、现场签证等支持性材料，得0分；工程投资结余不符合国家电网公司要求，扣3分；未按时完成结算，扣2分		
得分率			检查表中所有检查项目分值之和为总分（不包含未涉及检查内容的分值），得分/总分 ×100%=得分率		

附录 7　国网河南省电力公司配电网批次工程验收综合评价标准（试行）

序号	考评内容	标准分	相关要求	评分细则	考评分	备注
总分		1000				
一	工程计划管理	120				
（一）	工程规划计划	60				
1	项目储备	15	按照公司电网发展总体规划，适时进行电网规划滚动修订，建立科学、完整的项目储备库，年度工程项目来源于储备库	项目储备库不完善或储备项目深度不够，扣 2~5 分；年度工程项目不是来源于储备库，每发现一项扣 2 分		
2	规划计划	15	按照省公司批复的投资计划、投资范围和建设原则编制出完整合理的项目可行性研究报告，不同类型项目资金不得相互调整	无项目可研报告扣 10 分；内容不完备酌情扣分；发现不同类型项目资金相互调整，扣 10 分；超出投资范围，扣 10 分		
3	计划平衡	10	市县公司认真做好批复项目的计划管理，工程项目初步设计批复下达后，及时进行计划收口和计划平衡工作	项目计划收口和计划平衡不到位、工作不及时扣 10 分		
4	技术原则	20	严格执行省公司有关 10 千伏及以下配电网工程技术原则，统一建设和改造标准	不符合省公司有关技术原则每发现一类扣 2 分；未严格执行建设改造标准每项扣 2~5 分		

续表

序号	考评内容	标准分	相关要求	评分细则	考评分	备注
（二）	批复项目执行情况	60				
1	初设批复	20	工程项目按照省公司要求编制初步设计并经上级部门批复，批复性文件及资料齐全、内容规范	无初步设计，每一项扣5分；有未经批复的项目，每项扣10分		
2	项目完成	30	严格执行省公司下达的投资规模，建设规模与省公司批复规模相符。单项工程现场工程量与工程竣工图、工程结算及监理提供的工程量应一致	批次建设规模与省公司批复规模每超过10%的，扣10分；竣工工程量与结（决）算工程量不一致的，每项扣10分；严禁未批先建及“三边”工程，发现一项扣10分		
3	项目调整	10	按照省公司配电网工程管理程序，办理项目变更调整手续	发现项目调整但缺少变更调整手续或不对应的，每一项扣5分；手续不健全的每项扣2分；发现未经批准擅自调整项目的每一项扣10分		
二	工程建设管理	200				
1	组织机构	20	建立健全工程管理组织机构。分别成立业主项目部、施工项目部和监理项目部	缺少一个项目部扣10分；组织不健全酌情扣分		
2	开工报告制度	10	依据省公司相关要求，及时办理工程开工相关手续	未经批准擅自开工或已批准未及时开工，每项扣2分		
3	设计变更管理	20	按照省公司相关规定，履行变更手续	无变更手续或手续不齐全的，每项扣2分；内容不完备酌情扣分		

续表

序号	考评内容	标准分	相关要求	评分细则	考评分	备注
4	里程碑计划执行	30	按照省公司确定的各项工程完成时限，编制工程建设里程碑进度计划	未编制里程碑计划的，扣30分；未按里程碑计划按时竣工的，每项工程扣3分；里程碑计划执行中出现偏差酌情扣分（因物资到货、天气等人为不可控因素造成的不扣分，需提供情况说明和证明材料）		
5	合同管理	20	参照国家电网公司下发的设计、施工、监理合同标准范本，统一合同格式，确保合同有效合法。加强合同签约履约管理，建设规模、建设标准、建设内容、合同价格等必须控制在批准的项目和概算范围内	未按规定的流转程序签订相关合同，每一项扣5分；合同内容每发现一处不完善扣2分；施工、设计、监理合同未按招标结果签订或执行扣10分		
6	工程统计分析	20	明确统计工作责任人，定期做好工程进度统计分析工作，全面、真实、准确反映工程进展情况，在规定的时间内上报工程进度。按国家和省公司要求的统计方法和口径进行统计、上报，并注意投资完成与资金支付等统计数据的衔接。严禁虚报工程进度	无专人负责扣10分，上报不及时或不准确扣10分；数据不衔接扣10分，虚报工程进度扣10分		
7	工程ERP系统管理	20	工程竣工后及时在ERP系统中进行“技术性完成”操作，工程结余物料及时在ERP系统中平衡利库，在下年度工程中及时使用	未完成操作的此项不得分；ERP系统管理不到位酌情扣分		

续表

序号	考评内容	标准分	相关要求	评分细则	考评分	备注
8	GIS、PMS系统资料更新	10	工程竣工后及时在GIS、PMS中更新相关图形及台账资料	抽查项目发现未更新，每处扣2分		
9	概（预）结算管理	20	严格执行国家和省公司相关政策及规定，严格审查工程概预算、结算。严防高估冒算、套取资金等现象，保证资金使用的安全	取费项目不符合定额及省公司相关规定的，每项扣5分；取费费率不符合定额及省公司相关规定的，每项扣5分；高估冒算、套取资金扣20分；施工结算未经有关部门审查和批准，发现一个工程，扣20分		
10	竣工（验收）管理	20	严格执行省公司有关工程验收办法和管理规定，明确验收工作的分工及职责，合理确定验收重点内容及现场抽查面，认真执行验收工作程序。发现问题要限期整改，并写出整改报告	没有验收组织扣5分；不执行验收工作程序扣5分；没有县公司自验报告扣5分；没有市公司验收报告扣5分		
11	结余资金管理	10	严格控制资金结余，原则上，工程结余率不得超过10%。按照省公司相关规定，省公司批复全部结余资金后，方可使用结余资金	结余资金率超出10%的，每超出1个百分点扣1分；未经批准，擅自使用结余资金的扣10分		
三	工程安全管理	100	确保人身安全	出现人身伤亡，本项不得分		

续表

序号	考评内容	标准分	相关要求	评分细则	考评分	备注
1	安全组织体系及人员	30	建立规范的安全管理组织，落实各级安全管理人员，切实贯彻执行国家、行业、国家电网公司、省公司有关工程安全管理的各项要求	未设置安全专责，扣5分；现场安全的保证体系和监督体系不完善，扣5分；项目主要负责人和安全监督人员未经过相应的培训，每人扣5分		
2	安全制度及规范管理	30	按照省公司要求建立完善安全管理制度，建立项目安全管理台账，编制工程建设项目安全文明施工总体策划，提出工程建设项目安全文明施工管理目标及保障措施，并对工程建设全过程的实施进行监督指导	未建立项目安全管理规章制度，扣5分；制度不完善或可操作性不强，每项扣3分；未制定项目安全管理目标，扣15分；未制定项目安全文明施工总体策划及项目危险点辨识与预控措施，扣5分		
3	安全文明施工管理	40	认真做好安全工作，建立项目安全例会制度，及时组织学习传达安全工作要求，现场协调解决危及安全的施工隐患，每月组织一次安全例行检查活动	未制定建设项目安全工作计划，扣10分；未定期召开安全例会，或记录不全，每缺1次扣5分；对危及安全施工的问题现场协调解决不力或不及时，扣20分；未按规定组织开展安全检查，每次扣10分；安全文明施工标准化未达标扣10分		
四	工程质量管理	120	工程保质保量完成	存在重大质量问题，本项不得分		
1	质量管理体系	10	完善质量工作责任体系，落实工作责任，突出强化工程设计、设备采购、标准工艺应用等关键环节的管控，完善基建标准化管理体系，将工程质量管理	质量管理人员未到位，每项扣10分；质量管理责任未落实，每项扣5分；未开展质量管理评价活动，扣5分；持续改进质量管理工作效果不明显扣3分		

续表

序号	考评内容	标准分	相关要求	评分细则	考评分	备注
1	质量管理体系	10	贯穿电网建设的全过程。开展质量管理评价，持续改进质量管理工作，全面提高工程建设质量			
2	质量管理监督	10	规范施工工艺标准，严格控制施工质量，有效深化标准工艺研究与应用等日常质量管理工作，强化制度执行监督效果	执行不到位，每项扣2分		
3	标准化建设	30	严格执行工程建设标准，积极应用“通用设计、通用造价、通用设备和标准化工艺”，不断提高工程建设质量	未执行典型设计，一项扣5分；未采用通用标准，一项扣2分		
4	工程设计	10	开闭所、箱变、环网柜、台区、自动化等工程设计符合技术、安全标准	发现一项不符合设计要求扣2分		
		10	线路设计符合技术、安全标准，导线截面选择、线路走径、杆塔设计合理，不超供电半径；一户一表符合设计要求	发现一项不符合设计要求扣2分		
		5	工程安全设施与主体工程同时设计，并符合标准	未同时设计或不符合标准的，不得分		
5	设备试验（调试）	5	完善工程质量保证体系，及时发现并消除质量隐患，设备、材料试验记录应齐全	质量隐患未及时消除，每处扣5分；试验记录不齐全，缺一项扣2分，有不合格产品，每发现一项扣3分		
6	工程质量	30	依据相关规程、规范和技术原则，从工程设计、安装质量、土建质量、设备质量、隐蔽工程以及线路	发现一处质量问题扣4分；配电变压器安装前应做损耗试验，发现一台未做扣5分；工程安全设施		

续表

序号	考评内容	标准分	相关要求	评分细则	考评分	备注
6	工程质量	30	工程质量等方面逐项进行检查验收。重点检查导线、拉线、杆塔、基础、台架、配电变压器及配电装置、柱上开关及隔离开关、金具、绝缘子、避雷器、接地；开闭所和配电房（含一、二次设备和土建）、电缆沟槽、电缆敷设、箱式变压器等	与主体工程同时施工、同时投入生产和使用，不符合标准一项扣5分；工程严格执行省公司标准化设计，不符合标准一项扣10分		
7	工程监理	10	所有项目必须有监理，监理人员应按合同认真监理，监理到位、记录完善	项目没有监理扣10分；施工单位未按监理通知整改，发现一项扣2分；工程开工、竣工报告、工程结算、隐蔽工程记录、工程变更单、竣工图等是否有监理签字，未签一项扣2分；监理人员应按合同认真监理，监理未到位、未记录发现一处扣5分；监理文件包按规范编制并及时归档，不完善酌情扣分；工程总体验收时发现监理未及时指出的施工质量问题，每一处扣5分		
五	工程档案管理	100				
1	归档制度	20	高度重视工程档案管理工作，防止重视实际操作，忽视档案管理问题的发生，尤其在立项、决策、招标采购、合同管理等敏感度高、风险点多的环节	无档案管理相关制度，扣5分；没有及时完成相关工作，每项扣2分		

续表

序号	考评内容	标准分	相关要求	评分细则	考评分	备注
2	综合资料	20	项目可研评审意见及批复文件；批次工程投资计划；项目初步设计评审意见及批复文件；项目概算评审意见及批复文件；配电网工程管理相关制度及规范；设计、施工、监理、咨询合同、法人授权委托书及资质证书复印件；监理文件包	缺一项或内容不全扣 2 分		
3	工程档案资料	10	按照省公司有关工程档案管理要求整理归档	未按照工程档案管理要求整理归档扣 5 分		
		10	工程审定概算书、结算书齐备，有关工程协议（规划、征地等）齐全	缺一项或内容不全扣 2 分		
		10	工程初步设计、施工图设计、竣工设计资料齐全，设计变更手续完整	缺一项或内容不全扣 2 分		
		10	工程开竣工报告、安装记录、设备交接试验记录及调试报告齐全，隐蔽工程记录、工程参数测试记录及时准确	缺一项或不准确扣 2 分		
		10	监理日志、隐蔽工程监理旁站记录和各项报告齐全完整	发现监理内容不完善，每处扣 2 分；缺项、漏项，每项扣 5 分		
		10	地下管网工程应严格按照国家有关规定向城建档案管理机构移交规范的竣工资料	未及时移交的扣 5 分		

续表

序号	考评内容	标准分	相关要求	评分细则	考评分	备注
六	招投标及物资管理	100				
（一）	招投标	20				
1	物资类招标	10	省公司集中采购目录以内物资由省公司采购，省公司集中采购目录以外的采购，原则上暂委托市公司完成，不得下放到县公司采购。各单位应加强招标采购计划管理，规范零星采购工作，并严格按照省公司相关规定开展工作	招投标组织不符合规定的，每次扣5分；零星采购不规范的，每次扣5分		
2	非物资类招标	10	按照国家电网、省公司规定，及时上报非物资类招标采购计划，参与或组织招标工作。相关单位加强协调，统筹安排，精密部署，确保各节点进展顺利	招标计划上报不及时，扣5分；工作协调不力，影响工程进展的扣10分		
（二）	工程物资管理	80				
1	管理制度	10	建立健全物资的仓库管理制度、出入库管理制度、设备质量验收制度、拆旧物资等管理制度，并做到制度上墙，仓库管理规范	制度缺少一项扣2分；内容不完善扣2分		
2	计划管理	10	及时编制物资需求计划，做好物资采购准备，并完善物资需求资金计划，做好物资统计分析工作	物资需求计划编制不准确扣5分；未做物资统计分析扣5分；物资统计分析不全面扣2分		

续表

序号	考评内容	标准分	相关要求	评分细则	考评分	备注
3	物资配送	10	依据物资合同，及时组织催货、接货、验货，并做好仓储、保管和现场服务，及时办理入库验收手续	未及时组织催货、接货、验货每次扣5分；未及时办理入库验收手续每次扣3分		
4	支付手续	10	根据物资到货、验收、运行情况办理结算手续，及时编制物资用款计划，按照规定落实货款支付手续	未及时办理结算手续每次扣3分；未及时编制物资用款计划每次扣3分；未按照规定落实货款支付手续每笔扣3分		
5	质量控制	10	严把货物验收交接、验收关，加强验收现场管理，细化开箱检查、验收标准，及时记录反映物资存在问题，确保物资质量	没有及时记录并反应物资存在的问题，每处扣5分		
6	仓储管理	10	设立物资专库，实行专库专账管理，库存统一管理，合理调配，做到账、卡、物相符	没有专库专账管理的扣10分；账、卡、物不符的每处扣5分		
7	结余物资	10	结余物资及时盘点并编制盘点表，物资账、卡、物相符	结余物资未按规定盘点并编制盘点表扣5分；账、卡、物不符一项扣2分		
8	拆旧物资管理	10	按照省公司对拆旧物资的管理规定执行	发现一处不合规现象扣2分		
七	资金与财务管理	200				
（一）	资金使用、管理	60				
1	资金账户	10	资金专账核算、专人管理，保证资金安全运行	资金未专账核算、专人管理，每项扣5分		

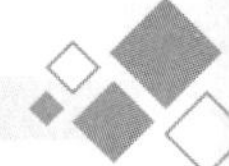

续表

序号	考评内容	标准分	相关要求	评分细则	考评分	备注
2	科目管理	15	按照省公司有关规定进行核算，正确使用会计科目，清晰反映项目资金使用情况。工程核算的原始会计凭证符合规定、手续齐全，会计处理正确	科目使用不准确扣5分、未清晰反映项目资金管理的扣10分；工程核算的原始会计凭证不符合规定、手续不齐全、会计处理不正确的每处扣5分		
3	资金使用	15	按规定使用资金，工程及物资款项支付严格执行合同	物资支付无合同扣5分，工程及物资款项支付未按合同执行扣5分；未按规定留取质保金扣5分		
4	项目管理费	10	项目管理费用于项目管理单位在项目管理工作中发生的办公费、资料费、印刷费、会议费、车辆使用费、差旅费及补助等日常费用，不得用于固定资产购置；项目管理经费按照概算标准控制，发生时据实列支	未按规定使用，存在超范围支出现象扣5分，未据实列支扣5分		
5	概算控制	10	概算取费准确，严格按照省市公司初步设计批复文件使用项目资金。工程发生的费用有概算资金来源，不允许存在用工程资金搞计划外工程或不属于工程的费用挤占工程成本的情况，不允许存在虚列工程成本的情况	未按初设批复使用资金，存在初设批复外使用工程资金现象扣10分；工程发生的费用没有概算资金来源，用工程资金搞计划外工程或不属于工程的费用挤占工程成本，虚列工程成本的，每违反一次扣5分		
（二）	财务管理	40				
1	财务制度	10	财务活动审批制度、内控制度健全，责任落实，严格执行	制度不健全一项扣5分；执行不严格酌情扣分		

续表

序号	考评内容	标准分	相关要求	评分细则	考评分	备注
2	原始记录	10	票据规范、物资出入库及时准确	物资的入库与发票不一致扣5分；出库未按动态发生记录扣5分		
3	物资价格	10	设备、材料价格核算合理、准确	在购置设备、材料过程中有违反规定加价现象，每发现一次扣5分		
4	存款利息	10	工程项目资金存款利息按规定处理	工程项目资金存款利息没有按规定处理扣10分		
（三）	会计核算	50				
1	会计制度	20	建设单位基本建设会计制度执行情况、原始会计凭证、会计手续、会计核算符合要求	会计凭证、账簿未单独装订扣10分；原始凭证严格遵守审批处理流程，审批手续不完善扣10分		
2	会计信息	30	会计信息真实可靠，经济事项记录完整规范	虚报投资完成、虚列基建支出一项扣10分；经济事项记录不完整规范扣10分；经济事项纪录是否完整，会计处理是否及时，会计信息是否真实，每发现一次不符合规定的情况扣5分		
（四）	竣工决算编报	50				
1	决算管理	30	工程竣工投运3个月内完成财务决算，决算报告资料齐全、内容完整、数据准确、手续齐全、格式规范，符合决算要求	未按规定完成财务决算的扣10分；决算报告不符合要求一项扣2分		

续表

序号	考评内容	标准分	相关要求	评分细则	考评分	备注
2	费用分摊	10	竣工决算中待摊费用分摊标准科学、合理、规范	随意分摊费用或以费用分摊调整工程成本的一项扣2分		
3	资产移交	10	工程竣工投运后3个月内办理资产移交工作	未及时进行资产移交账务处理10分		
八	工程审计管理	60				
1	审计组织	5	审计监督落实“工程项目全面覆盖，工程资金全额审计，管理流程在线监督，关键环节重点监控”的工作原则，审计监督要紧跟建设过程各管控环节，监控关键控制点；项目建设单位要相应成立专项审计组，确保审计工作落实到位	没有专门审计组织扣2分；缺少审计环节扣2分		
2	审计方案	5	根据省公司审计规定，制定本单位审计实施方案，组织开展审计项目实施工作	未制定审计实施方案扣2分；未组织开展实际项目实施工作扣2分		
3	审计报告	5	及时对审计工作开展情况进行汇总分析评价，编制审计工作简报；应进行单项工程审计并出具审计报告；工程审计覆盖面100%，按单项工程出具审计报告	没有及时汇总分析审计情况扣2分；审计覆盖面达不到100%扣2分；审计报告至少包含以下内容：审计的组织与实施情况、配网建设与改造的基本情况、审计评价、审计发现的主要问题及处理情况、审计建议，每缺一项或内容不完备的扣1~2分		

续表

序号	考评内容	标准分	相关要求	评分细则	考评分	备注
4	计划审计	5	对批复计划的执行与变更进行审计，全面掌握本单位批复下达的资金计划项目与里程碑计划、审查批复计划执行情况、计划变更需履行先审批后执行程序	没有对批复计划的执行与变更进行审计扣2分		
5	合同审计	5	对合同签订与履约情况审计，审查合同谈判、签约、流转、审签流程等程序履行的完整性，审查合同价款确定依据是否完整、准确	发现一处不完整扣2分；发现一处错误扣3分		
6	结算审计	10	对工程结算、物资结算与其他费用结算审计，审查项目各类结算管理工作是否完整、到位、及时，审查形成工程结算成本的量、价、费构成是否准确，审查物资费用结算是否完整、准确，审查其他费用结算依据是否真实、完整、准确	结算手续不完善每处扣2分；结算依据错误每处扣5分		
7	物资审计	5	对拆除物资、结转资产与物资结余进行审计，审查拆除物资是否落实管理责任制，审查是否建立拆除物资台账，审查拆除物资走向、依据与审批程序是否完整，审查结转资产的账、卡、物是否对应，审查工程结余物资账、卡、物是否对应，审查物资结余能否在投资结余准确体现	审计项目少一项扣2分；发现一处不对应扣2分		

续表

序号	考评内容	标准分	相关要求	评分细则	考评分	备注
8	资金审计	10	对工程资金使用管理情况进行审计，审查资金是否专户核算，财会科目设立是否规范、清晰、准确，审查费用核算与支出依据是否真实、完整、有效，审查各类保证金是否足额预留	发现一处不符合规定，扣5分		
9	决算审计	10	全面开展竣工决算审计，审查竣工决算管理能否专责、到位、及时；审查建筑安装工程费、设备购置费和其他费用列支及会计核算是否正确；审查竣工决算是否匹配各项结算；审查竣工决算报表是否真实、规范；竣工决算报告是否对与批准概算差异性进行分析评价；重点检查单项费用超概算现象，对原因进行深入分析	审计项目少一项扣5分；发现一处不完善扣5分		
验收组组长（签字）：　　　　意见：						
验收组成员（签字）：						
验收结论：　　　　________年____月____日						

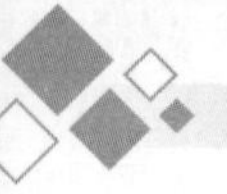

附录 8 配网建设安全管理台账

（包括但不限于）

一、建设管理单位安全管理台账

（一）安全法律、法规、标准、制度等有效文件清单

（二）配网建设安全教育培训记录

（三）配网建设安全例会会议纪要（记录）

（四）年度配网建设安全管理策划方案

（五）配网建设安全检查记录

（六）安全管理文件

（七）项目安全考核评价记录

（八）配网建设安全事件统计、报告记录

（九）月度安全工作报告

二、监理企业安全管理台账

（一）安全法律、法规、标准、制度等有效文件清单

（二）安全教育培训记录

（三）安全工作会议记录

（四）安全检查及专项活动记录

（五）安全管理文件

（六）安全考核评价记录

三、施工企业安全管理台账

（一）安全法律、法规、标准、制度等有效文件清单

（二）安全管理文件

（三）安全培训、考试记录及新进人员三级安全教育卡片

（四）安全工作会议记录

（五）特种作业人员及专、兼职安全人员登记档案

（六）年度安全技术措施计划及实施登记表

（七）安全防护用品、用具试验记录

（八）分包商安全资质审查表及合格分包商名册

（九）安全检查及专项活动记录

（十）安全事件月（年）报表

（十一）安全奖惩记录

四、业主项目部安全管理台账

（一）安全法律、法规、标准、制度等有效文件清单

（二）管理人员安全培训证书

（三）安全文明施工总体策划

（四）项目应急处置方案

（五）安全例会会议纪要（记录）

（六）监理、施工报审文件及审查记录

（七）项目安全检查及整改情况记录

（八）安全管理文件收发、学习记录

（九）项目安全管理评价记录

（十）参建项目部安全考核评价记录

（十一）项目安全事件统计、报告记录

五、监理项目部安全管理台账

（一）安全法律、法规、标准、制度等有效文件清单

（二）总监及安全监理人员资质资料

（三）安全监理工作方案

（四）安全管理文件收发、学习记录

（五）安全监理会议记录

（六）施工报审文件及审查记录

（七）分包审查记录

（八）安全检查、签证记录及整改闭环资料

（九）安全旁站记录

（十）监理工程师通知单及回复单，工程暂停令、复工令

六、施工项目部安全管理台账

（一）安全法律、法规、标准、制度等有效文件清单

（二）安全管理文件收发、学习记录

（三）安全教育、培训、考试记录

（四）安全例会及安全活动记录

（五）安全检查记录及整改单

（六）安全施工作业票及安全技术措施交底记录

（七）特种作业人员及专、兼职安全人员登记档案，施工人员花名册

（八）分包人员花名册，分包队伍特种作业人员证件档案

（九）重要临时设施验收记录

（十）特种设备安全检验合格证

（十一）登高作业人员体检表

（十二）分包商资质资料

（十三）分包合同及安全协议

（十四）安全工器具台账及检查试验记录

（十五）安全用品台账及领用记录

（十六）安全文明施工措施费使用审核记录

（十七）现场应急处置方案及演练记录

（十八）安全奖惩登记台账

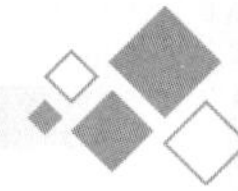

附录 9　设计变更联系单

工程名称：　　　　　　　　　　所属工程批次：　　　　　　　　　　编号：

<table>
<tr><td>
致（设计单位）：
由于____
____
____
原因，兹提出等设计变更建议，请予以审核。

附件：变更方案等相关附件（A4 纸，5 号宋体）

负责人（签字）：
提出单位（盖章）：
日期：____年__月__日
</td></tr>
</table>

注　1．编号由监理项目部统一编制，作为设计变更联系单的唯一通用表单。

2．本表用于向设计单位提出非设计原因引起的设计变更，作为设计变更审批单的附件。

3．本表一式四份（施工、设计、监理单位各一份，建设管理单位存档一份）。

附录 10 设计变更审批单

工程名称： 所属工程批次： 编号：

<table>
<tr><td colspan="2">致______（监理项目部）：
变更事由：

变更费用：

附件：1. 设计变更建议或方案。
2. 设计变更费用计算书。
3. 设计变更联系单（如有）。

设总（签字）：
设计单位（盖章）：
日期：____年__月__日</td></tr>
<tr><td>监理单位意见：

总监理工程师：
（签字并盖章）
日期：____年__月__日</td><td>施工单位意见：

项目经理：
（签字并盖章）
日期：____年__月__日</td></tr>
<tr><td>县公司发展建设部审批意见：

部门主管领导：
（签字并盖部门章）
日期：____年__月__日</td><td>地市公司配网办审批意见：

分管领导（签字）：
地市供电公司配网办（盖章）：
日期：____年__月__日</td></tr>
</table>

注 1. 编号由监理项目部统一编制，作为审批设计变更的唯一通用表单。
2. 监理单位、施工单位、县公司发展建设部、地市公司配网办按变更审批权限在审批栏中签署意见。
3. 本表一式四份（施工、设计、监理单位各一份，建设管理单位存档一份）。

附录 11　配电网工程设计工作质量考核评价表

报送单位：　　　　　　　　报送日期：

序号	设计单位名称	工程项目名称	设计内容	设计进度	服务质量	设计成果			合计
			设计内容	设计效率	服务态度	经济指标	设计质量	物料准确性	
			考核内容：设计方案是否合理，现场勘察设计工作是否深入、彻底，是否遗留死角等	考核内容：设计是否按时开展、设计项目是否按时完成、设计文件是否按时提交等	考核内容：设计过程及设计成果的沟通是否畅通等	考核内容：设计是否经济合理，工程概算是否准确	考核内容：设计成果是否符合标准化要求；设计成果是否满足项目单位需求	考核内容：设计选用物料是否符合标准化要求、是否满足物料提报要求、是否存在缺少物料或多报物料现象	
			20 分	10 分	10 分	10 分	30 分	20 分	100 分
1	×××	××工程							
2									
3									
4									
5									

经办人：　　　　　　　　联系电话：

盖章：

附录 12　配电网工程设计考核评价打分表

工程批次名称：　　　　　　评价得分：　　　　　　分调整设计费：　%

序号	评价条件	标准分	扣分因素	得分	备注
	基本要素	100			
1	国家政策、法律、法规	3	未严格执行，每项扣 1 分		
2	国家和企业颁布的规程、规范、标准	3	未严格执行，每项扣 1 分		
3	各阶段设计方案的衔接，后阶段设计文件应符合前阶段批复的建设规模，工程概算应严格控制在估算以内	3	与可研批复规模不符，每项扣 0.2 分，超估算扣 2 分		发生特殊情况需修改可研方案的除外
4	初步设计文件交付	7			
4.1	初步设计上报文件应按时交付	2	未按里程碑计划要求按时交付不得分		
4.2	初步设计文件完整（包括说明书、主要设备材料表、概算书及图纸），符合国家电网规定的初步设计深度要求，份数合格。线路沿线重要跨越处、拆迁处、需提供照片，开关站扩建工程必须提交现状的说明，并提供必要的图像资料。设计文件文字及图面应清晰，不得出现图纸、说明及清册互相抵触矛盾；签字齐全，装订规范	5	一般性错误，每项扣 0.1；严重错误，每项扣 1 分		
5	贯彻国网河南省电力公司标准化设计应用	6			
5.1	直接采用国家电网配电网建设工程典型设计方案	2	没有论述扣 2 分；论述不合理扣 0.1~1 分		没有通用设计的不扣分

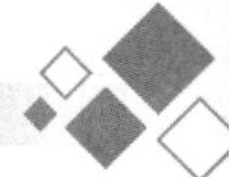

续表

序号	评价条件	标准分	扣分因素	得分	备注
5.2	概算工程量计列准确、概算定额套用准确；工程总投资控制在合理范围内	2	工程量计列不准确每项扣 0.1 分；概算定额套用不准确每项扣 0.1 分；工程总投资控制不合理扣 0.5 ~ 1 分		
5.3	设备材料选择符合国家电网公司标准物料要求	2	未按要求选用标准化物料每项扣 0.1 分		
6	初步设计质量	12			
6.1	线路走径方案描述清晰；路径图清晰	2	描述不清晰，每项扣 0.2 分；路径图不清晰，每项扣 0.2 分		
6.2	导地线、杆塔、电缆、绝缘配置、变电设备选择正确	3	选择不正确，每项扣 0.2 分		
6.3	交叉跨越满足要求，附有重要跨越断面图	2	交叉跨越不满足要求，每项扣 0.3 分，缺重要跨越断面图，每项扣 0.2 分		
6.4	拆迁、赔偿应附图像资料依据	2	缺图像资料依据，每处扣 0.3 分		
6.5	技经：工程量应符合设计文件要求，不能互相矛盾；计算应符合计算规则，计算应准确无误；建设项目划分及取费标准符合《20kV 及以下配电网工程建设预算编制与计算标准使用指南》及其他相关规定	3	一般性错误，每项扣 0.1 分；严重错误，每项扣 0.5 分		
7	初步设计收口	2			

续表

序号	评价条件	标准分	扣分因素	得分	备注
7.1	落实收口前应完成的工作，按照初设评审意见的要求认真编制和提交收口文件，保证按时收口	2	未按时收口，扣2分；未落实收口前完成的工作，每项扣1分		
8	设计项目部设置	4			
8.1	组织机构设置	2	岗位设置不完善每个扣0.3分		
8.2	设计资源配置	2	专业人员无相应资格或职称，每人扣0.5分		
9	施工图设计质量控制情况	20			
9.1	设计文件质量：提交的设计文件技术方案论证充分，说明书、图纸完整、准确，设计深度及内容满足现行的规程、规范、强制性条款等有关规定的要求	4	每缺一项或方案不完善扣0.3分		
9.2	内容与深度：卷册的设计内容与深度完整，专业间配合未发生错、漏、碰、缺，无由此而发生返工	4	不完整每项扣0.2分；专业矛盾每项扣0.2分		
9.3	严格执行省公司组织编制的标准化设计的技术原则	3	执行不严格，每项扣0.2分		
9.4	新技术、新工艺、新材料的应用合理经济	3	不合理不经济，每项扣0.2分		
9.5	针对工程特点提出设计优化措施合理，造价经济	2	措施不合理每项扣0.2分；造价不经济每项扣0.2分		
9.6	设计单位能按规定进行技术交底，认真参加图纸会检，并对会检中的问题及时答复	2	未参加图纸会检，每次扣0.2分；未设计交底，每次扣0.2分		

续表

序号	评价条件	标准分	扣分因素	得分	备注
9.7	工程未发生设计（勘查）原因的工程质量责任事故	2	发生因设计勘查原因导致的质量事故扣 2 分		
10	施工图设计进度控制情况	10			
10.1	按设计合同及时交付设计文件，并满足工期要求	4	每项工程交付不及时，扣 0.2 分		
10.2	及时提供电子版初步设计概算	2	提供不及时，扣 1 分；情况严重，扣 2 分		
10.3	及时提供电子版本设备清册	2	提供不及时，每项扣 0.2 分；影响物资招标延误工程里程碑计划，每项扣 0.5 分		
10.4	及时提交竣工图	2	提交不及时每项扣 0.1 分；影响结算进度每项扣 0.2 分；影响决算进度每项扣 0.5 分		
11	工程安全及造价控制情况	12			
11.1	工程未发生因设计原因造成的安全责任事故	4	发生因设计原因造成的安全责任事故扣 4 分		
11.2	概算编制合理，造价控制、优化设计措施得力	4	因概算编制不合理而使预算超概算，每项扣 0.2 分，总体超概扣 1~4 分		
11.3	设计变更内容及费用：变更单原因、必要性清晰，内容完整，发生费用的变更能够附预算书	4	不符合要求，每项扣 0.2 分		
12	服务、承诺及其他	18			

续表

序号	评价条件	标准分	扣分因素	得分	备注
12.1	签证的及时性：及时按要求办理设计变更，办理工程量签证	4	拒不办理不得分；办理不及时，每项扣 0.2 分		
12.2	技术服务：及时配合解决现场需要设计协助的问题	4	服务不及时每次项扣 0.2 分		
12.3	设计承诺：有针对本工程特点的承诺且能够兑现	2	每项不兑现扣 0.5 分		
12.4	建设配合：与业主项目部在建设过程中配合良好	4	配合不力每次项扣 0.2 分		
12.5	竣工、结算、验收阶段的配合良好	4	配合不力每次项扣 0.2 分		

评价单位盖章： 评审组：

主管领导：

注 1．设计评价要素取值范围为 90 ～ 100 分。

2．合同结算价计算方式：设计费结算调整系数＝设计评价总分 / 100；最终合同结算价格 = 初步设计审定概算的设计费金额（含设计变更概算调整）× 中标费率 × 设计费结算调整系数。

附录 13　国网河南省电力公司 10kV 及以下配电网监理项目部考核表

序号	评价指标	标准分值	考核内容及评分标准	扣分	扣分原因
1	项目管理	30	监理规划、监理实施细则编制符合公司有关要求，有针对性、符合工程实际，编审批及报审手续完备（3分）（查项目管理策划文件，每缺少一项扣1分；存在内容不全面、不符合要求、方案未结合工程实际、引用过期文件、报审不及时、编审批不符合要求等不规范现象，每项扣0.5分）		
			对项目管理实施规划（施工组织设计）、施工“四措一案”等报审资料进行审查，审查意见明确，符合实际，并及时反馈施工项目部（3分）（查文件审查记录表，每缺少一项扣1分；不规范、表述模糊每项扣0.5分）		
			按要求审核工程开工条件（3分）（查开工报告，审核流程不规范，审核意见不明确，审核不及时等，每项扣0.5分）		
			按照业主方进度计划管理要求，审批施工进度计划，并实施动态管理，监督施工进度计划落实情况，及时、准确上报进度报表（8分）（查相关记录，未对计划执行情况进行分析和纠偏，扣1分；报表不真实，核实1次扣1分）		
			施工过程安全、质量控制数码照片（7分）（查隐蔽工程数码照片，旁站记录，监理日志，并核对现场，不规范或不满足要求，每处扣0.5分；未及时整理、移交，扣1分）		
			每月编制质量月报，及时报送业主项目部（3分）（查监理月报，未编制监理月报或无实质性内容、未及时上报，每次扣0.5分）		
			及时收集监理档案文件资料，进行分类整理、组卷、录入，工程投运后及时移交（3分）（查工程档案，缺项或内容不完整、不规范，每项/份扣0.3分）		

续表

序号	评价指标	标准分值	考核内容及评分标准	扣分	扣分原因
2	安全管理	20	适时开展监理安全检查，重点督查施工项目部的安全措施，施工安全管理及风险控制方案的落实，对发现的各类安全事故隐患，要求施工项目部及时整改闭环（4分）（查安全记录、监理通知单、监理通知回复单、工程暂停令等记录，每缺一份扣0.5分；记录不规范、与其他资料不对应，每份扣0.5分；发现的问题未监督整改闭环，每次扣1分）		
			审查分包商资质、安全协议及人员资格，督促施工项目部规范分包管理（8分）（未审查分包单位资质报审表，或审核过程管控不严格，存在分包商资质不合格现象，每份扣2分；分包过程不规范，存在施工违规分包、以包代管等现象而未纠正的，每例/项扣1分）		
			审查施工单位和分包商的特殊工业、特殊作业人员资格证明文件，并进行不定期检查（4分）（查特殊工种、特殊作业人员报审资料，审查不严格、未发现特殊工种、特殊作业人员资格证明文件缺失或失效，每份扣0.5分；现场发现无证上岗，每例扣1分）		
			依据安全监理实施细则，对施工安全的重要及危险作业工序和部位进行安全监理（4分）（查安全巡查监理记录，每缺一份扣1分；记录不规范、与其他资料不对应、问题未闭环，每处扣0.5分）		
3	质量管理	20	现场抽查工艺质量（15分）（发现工艺不合格，每处扣0.5分；发现质量缺陷，如安全距离、接地电阻、组件装配等不合格，每处扣2分）		
			组织监理初检，参加验收、督促缺陷整改闭环（5分）（查初检记录、缺陷整改闭环记录、工程质量初检记录，缺少一次扣1分）		

续表

序号	评价指标	标准分值	考核内容及评分标准	扣分	扣分原因
4	造价管理	20	审核设计变更和现场签证（5 分）（查设计变更审批单和设计变更单，签署意见表述不清晰或不准确，每份扣 1 分；查监理通知单或监理工作联系单，施工单位未严格执行审批后的设计变更而监理单位未发现或未指出，每份扣 1 分）		
			审核工程量（15 分）（查工程档案、工程结算，与现场核对，发现竣工图纸、工程结算、现场实际“三不对照”，每处 / 例扣 2 分）		
5	技术管理	10	参加施工图会审，形成会议记录（5 分）（查施工图会审记录，未按规定开展施工图会审，每次扣 0.5 分）		
			根据工程不同特点，对现场监理人员进行岗前教育培训和技术交底（5 分）（查安全 / 质量活动记录表、试卷及成绩，未按规定进行岗前教育培训和技术交底，每人次扣 0.5 分；培训或交流记录存在后补、虚假以及代签字等现象，每次扣 0.5 分）		

附录 14　配电网工程监理文件包编写内容

一、监理工作总结

二、成立监理项目部、任命总监文件

三、监理规划

四、图纸会审纪要、记录

五、监理工程师通知单及回执

六、工程变更单

七、质量缺陷及事故处理文件

八、主要特殊工种上岗人员资格审查记录表

九、监视、测量装置检查（校准）记录和安全工器具试验记录报审表

十、开工、竣工报告清单

十一、监理日志

十二、监理月报

十三、旁站记录

十四、监理归档资料清单

附录 15　监理安全、质量旁站的作业工序及部位一览表

序号	项目类型	施工阶段	需进行质量旁站项目（包括但不限于）
1	线路工程	基础	铁塔、钢管杆、大弯矩基础混凝土浇筑
		架线	跨越带电线路
2	配电工程	土建	配筋混凝土基础浇筑
		安装	变压器及配电装置耐压试验、电缆耐压试验

附录16　开工报告（模板）

××配电网建设改造工程
开工报告

工程项目：

工程类别：

施工项目部：

项目经理：

计划开工日期：　　____年__月__日

计划竣工日期：　　____年__月__日

填报日期：　　____年__月__日

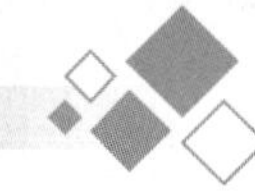

<table>
<tr><td rowspan="2">施工项目部报审</td><td>工程主要内容及工程量</td></tr>
<tr><td>我方承担的以上工程，已完成了以下各项工作，具备了开工条件，特申请施工，请予以审核并批准开工。
1．施工合同已签订
2．项目管理实施规划已审批
3．施工图会检已进行
4．各项施工管理制度和相应的施工方案已制定并审查合格
5．施工技术交底已进行
6．施工人力和机械已进场，施工组织已落实到位
7．物资、材料准备能满足连续施工的需要
8．计量器具、仪表经法定单位检验合格
9．特殊工种作业人员能满足施工需要
施工项目部：
项目经理：
日期：____年__月__日</td></tr>
<tr><td>监理项目部审查</td><td>专业监理工程师审查意见：
总监理工程师审查意见：
项目监理单位：
总监理工程师：
专业监理工程师：
日期：____年__月__日</td></tr>
<tr><td>业主项目部审批</td><td>业主项目部意见：
业主项目部：
项目经理：
日期：____年__月__日</td></tr>
</table>

附录 17　竣工报告（模板）

××配电网建设改造工程
竣工报告

工程项目：

工程类别：

施工项目部：

项目经理：

开工日期：　　____年__月__日

竣工日期：　　____年__月__日

填报日期：　　____年__月__日

<table>
<tr><td>工程验收内容</td><td colspan="2"></td></tr>
<tr><td>施工项目部报审</td><td colspan="2">我方已按合同要求完成了以上工程，经自检合格，请予以检查和验收。
附件：
1．工程竣工图纸
2．工程结算书
3．试验报告、安装记录
4．隐蔽工程记录
5．工程变更单（如有）
6．其他
施工项目部：
项目经理：
日期：____年__月__日</td></tr>
<tr><td>监理项目部审查</td><td colspan="2">审查意见：
经初步验收，该工程：
1．符合我国现行法律、法规要求
2．符合我国现行工程建设标准
3．符合设计文件要求
4．符合施工合同要求
综上所述，该工程初步验收合格，可以组织正式验收。
监理项目部：
总监理工程师：
日期：____年__月__日</td></tr>
<tr><td rowspan="2">竣工验收会签</td><td>运行单位验收意见：
经正式验收合格。
运行单位：
负责人：
日期：____年__月__日</td><td rowspan="2">业主项目部验收意见：
经正式验收合格。
业主项目部：
项目经理：
日期：____年__月__日</td></tr>
<tr><td>监理项目部验收意见：
经正式验收合格。
监理项目部：
总监理工程师：
日期：____年__月__日</td></tr>
</table>

附录 18 其他常用的标准表式

附录 18-1 工程暂停令

工程名称： 编号：

<table>
<tr><td>致 ____________________（施工项目部）：
由于 ____________________ 原因，现通知你方必须于 ____ 年 ___ 月 ___ 日 ____ 时起，对本工程的 ________________ 部位（工序）实施暂停施工，并按下述要求做好各项工作：

监理项目部（章）：
总监理工程师：
日期：___ 年 __ 月 __ 日</td></tr>
<tr><td>业主项目部意见：

业主项目部（章）：
项目经理：
日期：___ 年 __ 月 __ 日</td></tr>
</table>

注 本表一式 ___ 份，由监理单位填写，业主项目部、施工项目部各存一份，监理项目部存 __ 份。

附录 18-2　　工程复工申请

工程名称：　　　　　　　　　　　　　　　　编号：

<table>
<tr><td>致监理项目部：
　　第________号工程暂停令指出的工程停工因素现已全部消除，具备复工条件。特报请审查，请予批准复工。

附件：复工申请报告

施工项目部（章）：
项目经理：
日期：___年__月__日</td></tr>
<tr><td>监理项目部审查意见：

监理项目部（章）：
总监理工程师：
日期：___年__月__日</td></tr>
</table>

注　**本表一式三份，由施工项目部填报，业主项目部、监理项目部各一份，施工项目部存一份。**

附录 18-3

施工图会审纪要

工程名称：　　　　　　　　　　编号：

<table>
<tr><td>会议地点</td><td></td><td>会议时间</td><td></td></tr>
<tr><td>会议主持人</td><td colspan="3"></td></tr>
<tr><td colspan="4">会审图册：</td></tr>
<tr><td colspan="4">本次会议内容：</td></tr>
</table>

会签意见： 业主项目部（章）： 业主项目经理：	会签意见： 监理项目部（章）： 总监理工程师：	会签意见： 设计单位（章）： 设总：	会签意见： 施工项目部（章）： 项目经理：

注　会审纪要由监理项目部起草，经业主项目经理签发后执行。

附录 18-4

会议纪要

工程名称：　　　　　　　　　　编号：

<table>
<tr><td>会议地点</td><td></td><td>会议时间</td><td></td></tr>
<tr><td>会议主持人</td><td colspan="3"></td></tr>
<tr><td colspan="4">会议主题：</td></tr>
<tr><td colspan="4">上次会议问题落实情况：</td></tr>
<tr><td colspan="4">本次会议内容：</td></tr>
<tr><td>主送单位</td><td colspan="3"></td></tr>
<tr><td>抄送单位</td><td colspan="3"></td></tr>
<tr><td>发文单位</td><td></td><td>发文时间</td><td></td></tr>
</table>

注　会议纪要由监理项目部起草，经总监理工程师签发后下发。

附录 18-5　　　　　　　　　　　　报审表

工程名称：　　　　　　　　　　　编号：

致监理项目部： 　　我单位已完成了工作，现报审，请予以审核。 附件：   施工项目部（章）： 项目经理： 日期：___年__月__日
监理项目部审查意见：   监理项目部（章）： 总 / 专业监理工程师： 日期：___年__月__日

注　本表一式三份，由施工项目部填报，业主项目部、监理项目部、施工项目部各一份。

填写、使用说明：

（1）此报验申请表为通用表，用于施工项目部其他工作的报审。

（2）使用过程中，表号不变（即使是不同性质工作的报验），同一施工项目部按使用次序统一编流水号。

（3）如果该项工作还需要报业主项目部审批，则参照其他表式增加“业主项目部审批意见”栏。

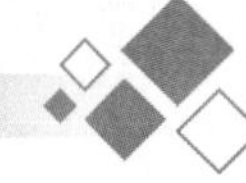

附录 18-6　　施工进度计划报审表

工程名称：　　　　　　　　编号：

<table>
<tr><td>致监理项目部：
　　现报上工程施工进度计划，请审查。
附件：工程施工进度计划（横道图）

施工项目部（章）：
项目经理：
日期：___ 年 __ 月 __ 日</td></tr>
<tr><td>监理项目部审查意见：

监理项目部（章）：
总监理工程师：
专业监理工程师：
日期：___ 年 __ 月 __ 日</td></tr>
<tr><td>业主项目部审批意见：

业主项目部（章）：
项目经理：
日期：___ 年 __ 月 __ 日</td></tr>
</table>

注　本表一式 ___ 份，由施工项目部填报，业主项目部、监理项目部各一份，施工项目部存 ___ 份。

附录 18-7

分包计划申请表

工程名称： 编号：

致监理项目部：

经策划，我方提出如下分包计划申请。请予以审查和批准。

序号	分包范围（施工内容及工程量）	分包性质	工程地点	计划工期	拟分包工程总价（万元）
合计					

施工项目部（章）：

项目经理：

日期：___ 年 __ 月 __ 日

监理项目部审查意见：

监理项目部（章）：

总监理工程师：

专业监理工程师：

日期：___ 年 __ 月 __ 日

业主项目部批准意见：

业主项目部（章）：

项目经理：

日期：___ 年 __ 月 __ 日

注 本表一式 ___ 份，由施工单位填报，业主项目部、监理项目部各一份，施工单位存 ___ 份。

填写、使用说明：

（1）施工单位在工程开工前，应就拟分包行为委托施工项目部向监理项目部提出分包计划申请。

（2）施工单位应说明分包范围（施工内容及工程量）、分包性质（专业分包或劳务分包）、工程地点、计划工期、拟分包工程总价。

（3）监理项目部审查要点：①分包范围是否符合国家法律法规、国家电网公司有关规定；②分包范围是否符合施工承包合同约定；③分包范围是否符合总施工单位在投标书中的承诺。

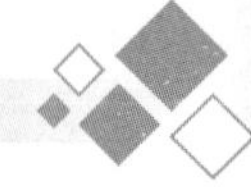

附录 18-8 施工分包申请表

工程名称： 编号：

<table>
<tr><td colspan="4">致监理项目部：
　　经考察，我方认为拟选择的（分包单位）具有承担下列工程的施工资质和施工能力，可以保证本工程项目按合同的规定进行施工。分包后，我方仍承担总包单位的全部责任。请予以审查和批准。
附件：1. 分包单位资质材料
　　　2. 分包单位业绩资料
　　　3. 拟分包合同、拟签订的安全协议
　　　4. 分包单位专职管理人员及特种作业人员资格证和上岗证</td></tr>
<tr><td>分包工程名称（部位）</td><td>分包性质</td><td>工作量</td><td>拟分包工程合同额</td></tr>
<tr><td></td><td></td><td></td><td></td></tr>
<tr><td></td><td></td><td></td><td></td></tr>
<tr><td></td><td></td><td></td><td></td></tr>
<tr><td colspan="3">合计</td><td></td></tr>
<tr><td colspan="4">施工项目部（章）：
项目经理：
日期：___ 年 __ 月 __ 日</td></tr>
<tr><td colspan="4">监理项目部审查意见：

监理项目部（章）：
总监理工程师：
专业监理工程师：
日期：___ 年 __ 月 __ 日</td></tr>
<tr><td colspan="4">业主项目部审批意见：

业主项目部（章）：
项目经理：
日期：___ 年 __ 月 __ 日</td></tr>
</table>

注　本表一式 ___ 份，由施工项目部填报，业主项目部、监理项目部各份，施工项目部存 ___ 份。

附录 18-9

验收申请表

编号：

工程名称		施工地点	
施工单位		施工日期	

一、工程简况

简述本工程开竣工时间，工程规模及工程量。

二、验收范围

列出本工程需验收的单体工程名称。

三、单体工程的质量验收情况

简述本工程需验收的单体工程数量，质量合格率。

四、工程资料情况

五、实物抽检情况及结果

（附施工项目部检查记录）

六、存在的问题及整改情况

（附工程质量问题处理单）

验收结论及申请验收时间：

经施工项目部自检，单体工程质量符合设计要求，达到验收规范标准，工程资料齐全、填写正确、完整，申请监理于____年____月____日进行验收。

施工项目部（盖章）：

项目经理：

日期：____年__月__日

附录 18-10　　　　　　　　　　**监理通知单**

工程名称：　　　　　　　　　　编号：

致： 事由   内容   监理项目部（章）： 总 / 专业监理工程师：＿＿＿＿＿＿ 日期：＿＿年＿＿月＿＿日

注　本表一式 ＿＿ 份，由监理项目部填写，业主项目部、施工项目部各存一份，监理项目部存 ＿ 份。

附录 18-11 监理通知回复单

工程名称： 编号：

<table>
<tr><td>致监理项目部：
我方接到编号为 ________________ 的监理通知后，已按要求完成了 ______________ 工作，现报上，请予以复查。
详细内容：

附件：

施工项目部（章）：
项目经理：
日期：___ 年 ___ 月 ___ 日</td></tr>
<tr><td>监理项目部复查意见：

监理项目部（章）：
总 / 专业监理工程师：
日期：___ 年 ___ 月 ___ 日</td></tr>
</table>

注 本表一式 ____ 份，由施工项目部填报，业主项目部、监理项目部各一份，施工项目部存 ____ 份。

填写、使用说明：

（1）本表为《监理通知单》的闭环回复单。

（2）如《监理通知单》所提出内容需整改，施工项目部应对整改要求在规定时限内整改完毕，并以书面材料报监理。

附录 18-12　　　　　　　　　　监理工作联系单

工程名称：　　　　　　　　　　编号：

致： 事由   内容   监理项目部（章）： 总 / 专业监理工程师：__________ 日期：___ 年 ___ 月 ___ 日

注　本表一式 __ 份，由监理项目部填写，业主项目部、施工项目部各存一份，监理项目部存 __ 份。

附录 19　配电网工程施工安全风险等级划分

一级风险（稍有风险）：指作业过程存在较低的安全风险，不加控制可能发生轻伤及以下事件的施工作业。

二级风险（一般风险）：指作业过程存在一定的安全风险，不加控制可能发生人身轻伤事故的施工作业。

三级风险（显著风险）：指作业过程存在较高的安全风险，不加控制可能发生人身重伤或死亡事故，或者可能发生七级电网事件的施工作业。

四级风险（高度风险）：指作业过程存在很高的安全风险，不加控制容易发生人身死亡事故，或者可能发生六级电网事件的施工作业。

五级风险（极高风险）：指作业过程存在极高的安全风险，即使加以控制仍可能发生群死群伤事故，或五级电网事件的施工作业。实际作业必须通过改变作业组织或采取特殊手段将风险等级降为四级以下风险，否则不得作业。

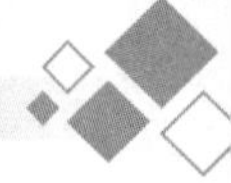

附录 20　配电网工程安全施工作业票

附录 20-1　　　　配电网工程安全施工作业票 A

<table>
<tr><td>工程名称</td><td></td><td>编号</td><td></td></tr>
<tr><td>施工班组（队）</td><td></td><td>工程阶段</td><td></td></tr>
<tr><td>工序及作业内容</td><td></td><td>作业部位</td><td></td></tr>
<tr><td>执行方案名称</td><td></td><td>风险最高等级</td><td></td></tr>
<tr><td>施工人数</td><td></td><td>计划开始时间</td><td></td></tr>
<tr><td>实际开始时间</td><td></td><td>实际结束时间</td><td></td></tr>
<tr><td>主要风险</td><td colspan="3">触电、物体打击、高处坠落、其他伤害</td></tr>
<tr><td>工作负责人</td><td></td><td>安全监护人（多地点作业应分别设监护人）</td><td></td></tr>
<tr><td colspan="4">具体分工（含特殊工种作业人员）：</td></tr>
<tr><td colspan="4"></td></tr>
<tr><td colspan="4">其他施工人员：</td></tr>
<tr><td colspan="4"></td></tr>
<tr><td colspan="4">作业必备条件及班前会检查</td></tr>
<tr><td colspan="3">1. 作业人员着装是否规范、精神状态是否良好，是否经安全培训</td><td>□是□否</td></tr>
<tr><td colspan="3">2. 特种作业人员是否持证上岗</td><td>□是□否</td></tr>
<tr><td colspan="3">3. 作业人员是否无妨碍工作的职业禁忌</td><td>□是□否</td></tr>
<tr><td colspan="3">4. 是否无超年龄或年龄不足参与作业</td><td>□是□否</td></tr>
<tr><td colspan="3">5. 施工机械、设备是否有合格证并经检测合格</td><td>□是□否</td></tr>
<tr><td colspan="3">6. 工器具是否经准入检查，是否完好，是否经检查合格有效</td><td>□是□否</td></tr>
<tr><td colspan="3">7. 是否配备个人安全防护用品，并经检验合格，是否齐全、完好</td><td>□是□否</td></tr>
<tr><td colspan="3">8. 结构性材料是否有合格证</td><td>□是□否</td></tr>
<tr><td colspan="3">9. 按规定需送检的材料是否送检并符合要求</td><td>□是□否</td></tr>
<tr><td colspan="3">10. 安全文明施工设施是否符合要求，是否齐全、完好</td><td>□是□否</td></tr>
</table>

续表

<table>
<tr><td colspan="3">11．是否编制安全技术措施，安全技术方案是否制定并经审批或专家论证</td><td>□是□否</td></tr>
<tr><td colspan="3">12．作业票是否已办理并进行交底</td><td>□是□否</td></tr>
<tr><td colspan="3">13．施工人员是否参加过本工程技术安全措施交底</td><td>□是□否</td></tr>
<tr><td colspan="3">14．施工人员对工作分工是否清楚</td><td>□是□否</td></tr>
<tr><td colspan="3">15．各工作岗位人员对施工中可能存在的风险及预控措施是否明白</td><td>□是□否</td></tr>
<tr><td colspan="3">16．施工点必须配备足够的应急药品，尽量避免在恶劣气象条件下工作</td><td>□是□否</td></tr>
<tr><td colspan="4">具体措施见风险预控措施</td></tr>
<tr><td colspan="4">全员签名</td></tr>
<tr><td colspan="4"></td></tr>
<tr><td>编制人（工作负责人）</td><td></td><td>审核人（安全、技术）</td><td></td></tr>
<tr><td colspan="4">签发人（施工队队长）</td></tr>
<tr><td>签发日期</td><td colspan="3"></td></tr>
<tr><td colspan="4">备注</td></tr>
<tr><td colspan="4">风险预控措施：</td></tr>
</table>

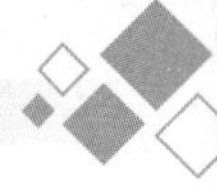

附录 20-2　　配电网工程安全施工作业票 B

<table>
<tr><td>工程名称</td><td></td><td>编号</td><td colspan="2"></td></tr>
<tr><td>施工班组（队）</td><td></td><td>工程阶段</td><td colspan="2"></td></tr>
<tr><td>工序及作业内容</td><td></td><td>作业部位</td><td colspan="2"></td></tr>
<tr><td>执行方案名称</td><td></td><td>风险最高等级</td><td colspan="2"></td></tr>
<tr><td>施工人数</td><td></td><td>计划开始时间</td><td colspan="2"></td></tr>
<tr><td>实际开始时间</td><td></td><td>实际结束时间</td><td colspan="2"></td></tr>
<tr><td>主要风险</td><td colspan="4"></td></tr>
<tr><td>工作负责人</td><td></td><td colspan="2">专职安全监护人（多地点作业应分别设监护人）</td><td></td></tr>
<tr><td colspan="5">具体分工（含特殊工种作业人员）</td></tr>
<tr><td colspan="5"></td></tr>
<tr><td colspan="5">其他施工人员</td></tr>
<tr><td colspan="5"></td></tr>
<tr><td colspan="5">作业必备条件及班前会检查</td></tr>
<tr><td colspan="4">1．作业人员着装是否规范、精神状态是否良好，是否经安全培训</td><td>□是□否</td></tr>
<tr><td colspan="4">2．特种作业人员是否持证上岗</td><td>□是□否</td></tr>
<tr><td colspan="4">3．作业人员是否无妨碍工作的职业禁忌</td><td>□是□否</td></tr>
<tr><td colspan="4">4．是否无超年龄或年龄不足参与作业</td><td>□是□否</td></tr>
<tr><td colspan="4">5．施工机械、设备是否有合格证并经检测合格</td><td>□是□否</td></tr>
<tr><td colspan="4">6．工器具是否经准入检查，是否完好，是否经检查合格有效</td><td>□是□否</td></tr>
<tr><td colspan="4">7．是否配备个人安全防护用品，并经检验合格，是否齐全、完好</td><td>□是□否</td></tr>
<tr><td colspan="4">8．结构性材料是否有合格证</td><td>□是□否</td></tr>
<tr><td colspan="4">9．按规定需送检的材料是否送检并符合要求</td><td>□是□否</td></tr>
<tr><td colspan="4">10．安全文明施工设施是否符合要求，是否齐全、完好</td><td>□是□否</td></tr>
<tr><td colspan="4">11．是否编制安全技术措施，安全技术方案是否制定并经审批或专家论证</td><td>□是□否</td></tr>
<tr><td colspan="4">12．作业票是否已办理并进行交底</td><td>□是□否</td></tr>
</table>

续表

<table>
<tr><td colspan="3">13. 施工人员是否参加过本工程技术安全措施交底</td><td>□是□否</td></tr>
<tr><td colspan="3">14. 施工人员对工作分工是否清楚</td><td>□是□否</td></tr>
<tr><td colspan="3">15. 各工作岗位人员对施工中可能存在的风险及预控措施是否明白</td><td>□是□否</td></tr>
<tr><td colspan="3">16. 施工点必须配备足够的应急药品，尽量避免在恶劣气象条件下工作</td><td>□是□否</td></tr>
<tr><td colspan="4">具体措施见风险预控措施</td></tr>
<tr><td colspan="4">全员签名</td></tr>
<tr><td colspan="4"></td></tr>
<tr><td>编制人（工作负责人）</td><td></td><td>审核人（安全、技术）</td><td></td></tr>
<tr><td>安全监护人</td><td></td><td>签发人（施工项目部项目经理）</td><td></td></tr>
<tr><td>签发日期</td><td colspan="3"></td></tr>
<tr><td>监理人员（三级及以上风险）</td><td></td><td>业主项目部项目经理（四级及以上风险）</td><td></td></tr>
<tr><td colspan="4">备注</td></tr>
<tr><td colspan="4">风险预控措施：</td></tr>
</table>

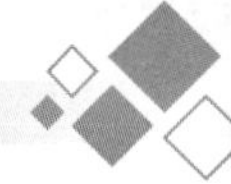

附录 21　配电网工程施工安全管理人员到岗到位要求

序号	风险等级	人员到岗要求				
		省公司	建设单位	设计单位	监理单位	施工单位
1	一级				监理人员开展巡视检查工作	施工班组负责人、安全员现场监护
2	二级			根据业主项目部通知意见确定是否到场	监理人员开展巡视检查工作	施工班组负责人、安全员现场监护
3	三级			根据业主项目部通知意见确定是否到场	旁站监理（其中铁塔组立作业，可采取旁站或巡视方式）	施工班组负责人、安全员现场监护，施工项目部专职安全员现场检查控制措施落实情况
4	四级	安全管理人员适时开展监督检查	县公司主管领导（市公司配网办负责人）到场检查；业主项目经理或安全管理人员现场监督	根据业主项目部通知意见确定是否到场	项目总监、安全监理工程师现场监督	主管领导到场检查，公司安监部门、工程技术部门派专人监督，施工项目经理、专职安全员现场监督
5	五级	相关人员监督检查	县公司主管领导（市公司配网办负责人）到现场检查降低风险等级措施落实情况，现场风险应降到四级及以下，存在五级风险不得施工	根据业主项目部通知意见确定是否到场	项目总监、安全监理工程师现场监督降低风险级别后方可施工，施工中全程监督	主管领导及相关人员到现场，制定降低风险等级的措施并监督实施；施工过程中主管领导现场监护

附录 22 三级及以上施工安全固有风险识别、评估及预控措施清册

填报单位:(施工项目部)　　　　　　填报日期:　　　　　　填报人:

序号	工程名称	固有风险级别	作业内容及部位	风险可能导致的后果	预控措施

审查:(监理项目部)　　　　　　　　　　　　　　时间:

注 按周施工计划，在配电网工程开工前，施工项目部均应对所承揽的工程所涉及的作业内容及部位逐项进行风险识别、评估，填写预控措施，报监理项目部审查，报业主项目部备案。

附录 23　配电网工程安全、质量管理流动红旗竞赛评分标准

序号	考核项目	评分标准	扣分及原因
1	安全管理（50 分）		
1.1	安全管理组织体系与规章制度（7 分）	未建立健全项目安全管理体系，扣 2 分	
		施工安全管理网络不健全，未按规定配置专（兼）职安全员，每人次扣 1 分（最多扣 3 分）	
		重要施工工序安全监护不到位，每处扣 1 分（最多扣 3 分）	
		工程项目安全目标管理责任制度、安全监督检查制度等不齐全，每项扣 1 分（最多扣 2 分）	
		未建立施工安全生产责任制、工作例会、安全检查、承发包管理等规章制度，每项扣 0.5 分（最多扣 2 分）	
		未制定安全监督检查考核细则，没有相关记录，缺少一类扣 1 分（最多扣 2 分）	
		未将公司有关安全管理的文件及时传达（或转发）到施工单位，每份扣 1 分（最多扣 2 分）；施工单位无传达、学习记录的，每份扣 0.5 分（最多扣 1 分）	
1.2	安全教育培训（2 分）	业主项目经理（或项目负责人）、施工项目经理（或施工负责人）、安全员等未按规定接受安全培训，每人扣 0.5 分（最多扣 2 分）	
		特种作业人员未做到持证上岗，每人扣 1 分（最多扣 2 分）	
		未组织岗前安全培训教育和考试（含临时用工），每人扣 0.5 分（最多扣 2 分）	
1.3	安全文明施工策划（3 分）	项目建设管理单位未编制安全文明施工总体策划或未明确项目安全管理目标、主要管理措施等，扣 2 分	
		施工单位未编制安全文明施工实施细则扣 3 分；存在编审批不规范、内容有明显错误等，每处扣 1 分（最多扣 2 分）	

续表

序号	考核项目	评分标准	扣分及原因
1.4	施工方案编制、交底与执行（6分）	重要施工工序及特殊作业未编制“保证现场安全组织措施和技术措施”，每缺一项扣1分（最多扣4分）；方案（措施）缺乏针对性，每份扣1分（最多扣4分）	
		施工方案（技术措施）未按规定履行审批手续扣2分；不规范（签字、责任人等）扣1分	
		未进行安全技术交底，扣2分，未全员签字扣1分	
		不按经审批的方案施工，扣2分	
1.5	安全监督检查（7分）	项目建设管理单位未按规定每季度开展安全监督检查活动或未完成上级布置的专项安全检查活动的，每次扣1分（最多扣2分）	
		施工单位未按规定每月组织一次安全检查的，每次扣1分（最多扣2分）	
		对重要及危险作业工序及部位，安监人员需到场进行安全管控，无相关记录每次扣1分	
		未针对查出的隐患及时处理，未作隐患整改反馈或未采用曝光、点评等手段促进整改效果，隐患整改无记录，每项扣1分（最多扣2分）	
1.6	现场安全管理（15分）	施工区域未按规定设置安全围栏，或未设危险警示（警告）标志等，每处扣0.5分（最多扣1分）	
		高处作业垂直攀登无安全防护措施，每处扣0.5分（最多扣2分）	
		氧气、乙炔搬运、存放、使用不符合安规要求，扣1分	
		基坑开挖无临边防护措施、或没有防塌方措施、开挖积土堆放等不符合要求，每处扣0.5分（最多扣2分）	
		施工现场安全检查（已完工项目需存照片），存在违章行为每处扣0.5分（最多扣1分）	
		土石方爆破没有可靠的防护措施，每处扣0.5分（最多扣1分）	

续表

序号	考核项目	评分标准	扣分及原因
1.7	安全文明施工管理（10分）	未按规定设置工程项目施工图牌，每处扣1分（最多扣2分）	
		施工机械、工器具等堆放不整齐，水泥、沙石等材料未铺垫彩条布，每处扣1分（最多扣2分）	
		未按规定挂牌或标牌不规范，每处扣1分（最多扣2分）	
		未做到“工完料尽场地清”，每处1分（最多扣2分）	
		施工人员进入现场未统一着装，未正确佩戴安全帽、安全带等防护用品的，每人次扣1分（最多扣2分）。发现使用不合格的安全工器具每人次扣2分	
		个人防护用品保管不善（随意堆放、不防潮、未定期检验等），扣1分（最多扣2分）	
		因施工建设引起投诉事件，每发生一起扣1分	
2	质量管理（50分）		
2.1	质量管理体系与规章制度（7分）	未建立健全项目质量管理体系，扣1分。质量管理责任未落实，每处扣1分	
		施工质量管理网络不健全，未按规定配置专（兼）职质量管理员，每人次扣1分（最多扣2分）	
		质量实施文件、质量培训等未涉及主要质量管理制度，每少一处扣1分	
		工程项目现场有关质量管理文件接收（学习）记录、质量管理文件、质量检查记录不全，每少一处扣1分	
2.2	设计管理（4分）	未采用典型设计，扣2分，未完全应用扣1分	
		设计变更管理不规范，如签字、审批手续不齐全等，每份变更单扣0.5分（最多扣2分）	
		因设计变更造成施工现场变更的，每处扣1分，（最多扣4分）	
		因设计深度不够或错误，造成项目调整或返工的，每次（项）扣1分（最多扣4分）	

续表

序号	考核项目	评分标准	扣分及原因
2.3	施工管理（6分）	项目施工组织、技术措施等，每缺少一份扣2分；编审批不规范、内容有明显错误等每处扣0.5分（最多扣1分）；施工单位未建立施工日记或内容不完善扣1～2分	
		未按要求组织技术交底，每次扣1分（最多扣2分）	
		原材料质量证明文件和复检试验记录不完备（随机抽查三类施工材料），每类扣1分（最多扣2分）；记录不规范，每份扣0.5分(最多扣2分)	
		未采用标准化物料，扣2分，未完全应用扣1分	
		一次设备试验报告不完备（抽查配电变压器、断路器、高压电缆、避雷器、跌落式熔断器等），每类扣1分（最多扣2分）；记录不规范，每份扣0.5分(最多扣2分)	
		隐蔽工程（配电线路工程抽查基础、接地、底盘、拉盘、卡盘等）检查记录及数码照片档案等资料，不齐全，每类扣1分（最多扣3分）；记录不规范，每份扣0.5分（最多扣2分）	
		接地电阻试验记录真实性差的（如不按实际数值填写等），每份扣1分（最多扣2分）	
		未建立数码照片档案扣2分，档案内容不完善、不规范或不满足要求扣1分	
2.4	设备材料管理（3分）	主要设备、材料（配电变压器、断路器及线路铁塔、导线、绝缘子等）合格证、出厂试验记录及质量证明文件，缺少一份扣0.5分（最多扣2分）	
		设备、材料现场保管，不符合要求，每处扣1分（最多扣3分）	
		设备材料管理制度不健全，责任未落实扣1分（最多扣2分）	
		设备、材料交接验收手续不齐全或不规范，每台（批）次扣1分（最多扣3分）	
2.5	施工工艺（30分）		
2.5.1	台区、开闭所、环网柜等工程	设备出现渗漏油或操作机构出现问题，每台、件扣2分（最多扣4分），瓷件出现损伤、裂纹、或部分部件出现松动现象每处扣1分（最多扣2分）	
		设备和综合配电箱、TA箱等油漆脱落、起皱、流痕、施工原因划伤等缺陷，每处扣1分（最多扣2分）	

续表

序号	考核项目	评分标准	扣分及原因
2.5.1	台区、开闭所、环网柜等工程	设备安装高度、相对距离、工艺不符合规范要求，每处扣 1 分（最多扣 2 分）	
		二次接线整齐，线帽、标牌清晰、正确、整齐、美观，备用线芯处理合理，一处不满足要求扣 1 分（最多扣 3 分）	
		箱柜安装盘面垂直度、平整度符合规范要求，固定牢靠，接地标准，一处不满足要求扣 1 分（最多扣 3 分）	
		设备和构支架金属达不到设计要求，扣 3 分；部分锈蚀，每处扣 1 分（最多扣 2 分）；紧固件无松动、未实现无垫片安装，每处扣 1 分（最多扣 2 分）	
		接地体及接地引线截面、搭接面积、埋深、焊接、防腐、接地极数量等不符合设计或施工规范要求，每类扣 1 分（最多扣 4 分）	
		跳线、连线无松股，弯曲平顺一致，一处不满足要求扣 1 分（最多扣 3 分）	
2.5.2	线路工程	塔材型号符合设计要求，主材弯曲满足规范要求，否则每基扣 3 分（最多扣 3 分）	
		塔材无明显加工缺陷，否则每基扣 1 分（最多扣 2 分）；施工过程塔材受到破坏（磨损等），组装后塔材结合不紧密（坚固后），每基扣 1 分（最多扣 2 分）	
		水泥电杆埋深标识是否符合相关规范，不符合要求的每基扣 0.5 分（最多扣 2 分）	
		拉线埋深、角度、制作工艺一处不合格扣 0.5 分	
		档距、架设方式符合现场要求，一处不合格扣 1 分	
		铁塔螺栓、防卸装置、脚钉安装规范、美观，否则，每基扣 1 分（最多扣 2 分）	
		引流线标准美观，否则每处扣 1 分（最多扣 2 分）	
		导线弧垂偏差符合标准，相距、接头等符合安装规范，否则每处扣 1 分（最多扣 2 分）	
		导地线压接工艺满足规范要求，否则每管扣 1 分（最多扣 2 分）	
		导线跨越距离、垂直距离、对地（建筑物）距离符合规范要求，否则每处扣 1 分（最多扣 6 分）	
		线路通道符合要求，不合格每处扣 1 分（最多扣 2 分）	
		线路工程完工后，杆号牌、警示牌、相序牌齐全，不合格每处扣 1 分（最多扣 5 分）	

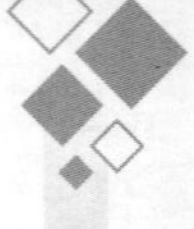

续表

序号	考核项目	评分标准	扣分及原因
2.5.3	电缆工程	电缆保护管敷设牢固、整齐，室外低压电缆无外露，电缆铠甲层、屏蔽层接地牢固可靠，接地和防腐符合规范，一处不满足扣 1 分（最多扣 2 分）	
		电缆敷设应能达到《电气装置安装工程电缆线路施工及验收规范》要求，最多扣 4 分）	
		电缆排放整齐，层次分明，弯曲方向一致、美观，电缆固定牢靠，标志齐全清晰。电缆头工艺标准一处不满足要求扣 1 分（最多扣 2 分）	
2.5.4	户表改造工程	电能表箱安装应符合要求（材料、外观、高度、编号等），不符合要求每处扣 0.5 分（最多扣 3 分）	
		铝芯绝缘导线截面积不小于 $10mm^2$，铜芯绝缘导线截面积不小于 $4mm^2$，一处不符合要求扣 0.5 分（最多扣 2 分）	
		安装与建筑物有关部分的距离应符合要求，与通信线和广播线交叉时其垂直距离应符合要求，接户线进表箱安装应符合要求，不符合要求，每处扣 0.5 分（最多扣 2 分）	
		接户线的连接长度、对公路、街道和人行道的垂直距离等有关架设技术要求，不符合要求，每处扣 0.5 分（最多扣 1 分）	
2.5.5	基础、土建工程	混凝土标号、强度、钢筋和地脚螺栓规格，不符合设计或规范要求，每基扣 3 分（最多扣 3 分）	
		基础混凝土表面平整，无蜂窝、麻面及露筋等明显缺陷，否则每基扣 1 分（最多扣 3 分）；立柱及各底座断面尺寸偏差超差 (–1%)，每基扣 4 分（最多扣 4 分）	
		保护帽与主材结合紧密、平整美观，否则每基扣 1 分（最多扣 2 分）	
		回填土防沉层整齐、规范，坑口回填土的上表面不低于原始地面，否则每基扣 0.5 分（最多扣 1 分）	
		混凝土搅拌、振捣等不规范，或带水浇混凝土、砂石中混有杂物，每基扣 1 分（最多扣 2 分）。基础护坡牢固可靠，整齐美观否则每基扣 1 分（最多扣 2 分）	
检查结果（得分率）		**检查得分率 =(100 – 总扣分)/100**	

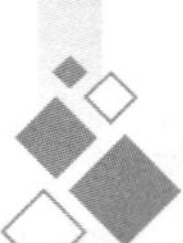

附录 24　配电网工程进度管理流动红旗竞赛评分标准

序号	考核项目	评分标准	扣分情况及原因
	进度管理（50 分）		
1	进度管理总体策划（5 分）	未编制工程进度管理总体策划扣 1 分；存在编审批不规范、内容有明显错误等每处扣 0.5 分（最多扣 1 分）	
		进度管理总体策划执行不到位扣 1 分	
		制定的进度管理总体策划是否在里程碑计划范围内，不符合扣 1 分	
2	工程前期计划管理（10 分）	服务类需求计划提报及时性、准确性是否满足工程进度管理，不符合要求扣 2 分	
		初步设计编制、批复是否按照里程碑计划执行，不符合扣 2 分	
		物资需求计划提报及时性、准确性，不符合要求扣 2 分	
3	施工计划管理（15 分）	编制施工计划完整性和可操作性，不满足扣 1 分	
		是否制定详实的月、周施工计划，不符合扣 1 分（最多扣 2 分），是否严格按照月、周施工计划执行，不符合扣 2 分	
		工程进展情况，是否及时投产，不符合扣 2 分	
		所有进度管理在里程碑计划内，安全有序推进，否则扣 2 分，扣完为止	
4	工程结、决算进度管理（10 分）	工程结算在工程竣工后规定时间内完成，延迟 1 天扣 1 分，扣完为止	
		财务决算在工程竣工后 3 个月内完成，延迟 1 天扣 1 分，扣完为止	
5	档案资料归档（10 分）	工程档案资料按时归档，延迟 1 天扣 1 分，扣完为止	
检查结果（得分率）		**检查得分率 =(100 – 总扣分)/100**	

附录 25　工程总体总结（模板）

工程总体总结

国网 × × 供电公司

年　月

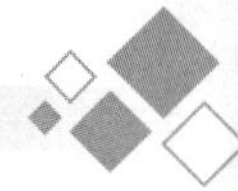

一、工程概况及投资计划执行情况

××公司××年××工程共下达计划×项，计划总投资××万元，概算批复总金额×××万元，分别为××、××、××工程。工程于××年××月××日开工，××年××月××日竣工。

工程主要内容：

二、工作开展情况

（一）组织机构

（二）物资、服务类招标采购

（三）典设、标准物料执行情况

（四）安全、质量、进度控制

三、取得的成效

四、亮点特色工作

附录 26　工程效益分析报告（模板）

工程效益分析报告

国网 × × 供电公司

年　月

一、项目概况

（一）项目情况简述

工程项目：

项目建设地点：

项目业主：

项目性质：新增 / 改造

开竣工时间：

（二）项目决策要点

1. 项目建设的必要性

2. 决策目标

（三）项目主要建设内容

（四）项目实施进度

1. 里程碑进度表

可研	设计招标	初设批复	监理招标	施工招标	开工	竣工	结算	审计	决算

2. 建设工期

（五）项目总投资

（六）项目资金来源及到位情况

1. 资金来源计划

2. 资金来源

二、项目实施过程总结与评价

（一）项目前期决策总结与评价

（二）项目准备工作与评价

三、项目运营情况与评价

从线损、可靠性、电压合格率、供电量等方面论述。

四、改造后的综合效益

从社会效益、农村经济效益、企业效益等方面论述。